跟著專家學

Microsoft 365

Excel

財務建模 第二版

── 做出精準財務決策

作者與審稿人

關於作者

Shmuel Oluwa 是一位財務主管，同時也是一位經驗豐富的講師，在許多財務相關領域擁有超過 25 年的資歷，對傳授知識充滿熱情。他在使用 Microsoft Excel 方面具有相當豐富的技巧，並籌畫過許多的 Excel 培訓課程，包括商務 Excel、使用 Excel 進行財務建模、以 Excel 進行取證與詐騙偵測、使用 Excel 做為調查工具、非會計師的會計處理，以及使用 Excel 進行信用分析 ...... 等等。他曾於奈及利亞、安哥拉、肯亞和坦尚尼亞授課，他的線上學生社群早已遍及世界好幾大洲。Shmuel 與他擔任藥劑師的妻子往返居住於英國倫敦及奈及利亞的拉各斯。而他精通三種語言：英語、約魯巴語和希伯來語。

關於審稿人

Jane Sarah Lat 是一位在商業上精明幹練的結果導向型金融專業人士，在財務管理與分析領域擁有超過 12 年的資歷。她具有財務方面的工作背景，曾於藍籌級的跨國組織工作。Jane 是**美國的註冊管理會計師（CMA，Certified Management Accountant）**，並從**澳洲與紐西蘭特許會計師協會（CA ANZ）**取得了**特許會計碩士文憑（GradDipCA，Graduate Diploma of Chartered Accounting）**。在熱情的驅使下，她透過分析能力來持續提升技能，成為了微軟認證的資料分析師助理，以及 Spotfire 上的 TIBCO 認證專家。Jane 以優異的成績畢業於菲律賓的聖托馬斯大學，擁有會計學學士學位。

PART 02　運用 Excel 的功能與函數進行財務建模

PART **03** 用 DCF 評價法建立整合性的 三大報表財務模型

財務建模是財務決策的必要工具。今日，隨著各個專業學科範圍持續重疊，財務建模這項學科越來越受到矚目。所有運用數據資料的人，都需要以結構化的方式來擷取、分析並顯示資訊，以幫助進行決策程序。

財務建模藉由建立整合性的數學模型來滿足這些需求，而這樣的數學模型只需要敲幾下鍵盤便能輕鬆修改及更新。

幾乎所有以金錢考量為中心的決策，終究都將受惠於財務模型中的數學表述。這正是財務建模如此受到學生和經驗豐富之專業人士歡迎的原因。

在本書中，得益於多年來全球各地學子們的回饋意見，我試著以清晰且條理分明的方式來呈現許多概念與方法，並運用一些圖解來帶領各位逐步完成各種程序。我還介紹了幾個不同的案例研究和財務模型的例子，以說明此主題的多樣性。

讀完本書後，不論是什麼樣的財務決策狀況，各位都將能夠充滿信心地予以處理。各位將理解編製範本、分離假設與成長驅動因素，以及整合模型以便修改及分析的重要性。

本書的目標對象

本書以對財務分析、資料分析、會計和評價（價值評估）有興趣的學生、專業人士，以及任何參與財務決策過程的人為對象。

本書所涵蓋的內容

第 1 章，財務建模與 Excel 簡介，檢視各種財務建模的定義，並討論財務建模的基本元素。其中還會探討 Excel 的限制，並說明為何 Excel 依舊是理想的財務建模工具。

第 2 章，建立財務模型的步驟，此章將帶領各位瞭解建立現金流量折現（DCF，Discounted Cash Flow）財務模型的過程，從與客戶討論到比率分析及評價。其中將採取逐步說明的方式，詳細解說每一步驟的內容。

第 3 章，公式與函數 —— 用單一公式完成建模工作，此章說明如何在 Excel 中運用公式與函數，例如查找函數、工具函數、樞紐分析表及圖表等。此外也會介紹一些 Microsoft 365 版 Excel 的新函數。

第 4 章，Excel 中的參照架構，此章將深入探討 Excel 裡的參照架構。其中說明此重要概念如何能幫助加快建模者的工作，使之從建模的無聊與反覆計算的折磨中解放出來。

第 5 章，Power Query 簡介，就如章名所述，此章將介紹 Excel 的這個改變遊戲規則的功能，它滿足了財務建模中的一項重要作用：從各種來源取得並轉換資料。而且這一章還將包含兩個真實的案例研究。

第 6 章，瞭解專案並建立假設，此章將帶領各位與管理階層 / 客戶討論、建立假設，並找出成長驅動因素。

第 7 章，資產與負債的明細表，此章將帶領各位體驗這些基礎明細表的編製過程，然後將這些連結至資產負債表與損益表。

第 8 章，編製現金流量表，此章強調現金在財務分析與評價中的重要性，並詳細說明此報表中的各個元素。

第 9 章，比率分析，藉由揭露在財務報表中不會立即引起注意的趨勢與關係，來討論比率分析對投資分析師的重要性。

第 10 章，評價（價值評估），以絕對和相對評價法的說明來結束現金流量折現模型。

第 11 章，模型的合理性與準確性測試，此章試圖以敏感度與情境分析，來降低財務模型中固有的不確定性。

第 12 章，案例研究 1 —— 建立模型以從試算中擷取出資產負債表和損益表，此章主要是為經常執行此任務的會計師和稽核人員進行解說。這個程序由模型自動化處理，只要敲幾下鍵盤，便能夠每年輕鬆更新。

第 13 章，案例研究 2 —— 建立資本預算模型，此章將解說資本預算的重要性，並在綜合案例研究的幫助下，建立出可調整以運用的模型。

充分發揮本書效用的前提條件

本書假設讀者具備基礎的 Excel 知識。而對於會計用語的基本理
解很有幫助,但並非必要。

本書所涉及的軟硬體	作業系統需求
Microsoft 365 版 Excel	Windows、macOS 或 Linux
ECMAScript 11	

你需要訂閱 Microsoft 365 以存取本書所提及的 Excel 新功能。本
書假設讀者具備最基礎的數學、會計及統計知識。每當遇到此學
科中的概念時,我都有努力以簡單的詞彙來解釋這些主題,並運
用例子和插圖以確保大家能徹底理解各項概念。

📢 本書並未提供範例資料,請讀者自行準備所需的資料進行操
作,加以練習來提升學習效果。

下載說明

額外提供本書部分的彩色螢幕截圖與圖表的 PDF 檔,請至碁峰
網站 http://books.gotop.com.tw/download/ACI036600 下載。
其內容僅供合法持有本書的讀者使用,未經授權不得抄襲、轉載
或任意散佈。

財務建模概觀

理解以 Excel 進行財務建模的意義，內容還包括於建立整合財務模型時所需遵循的步驟概述。

此篇包含以下章節：

- 第 1 章，財務建模與 Excel 簡介
- 第 2 章，建立財務模型的步驟

財務建模
與 Excel 簡介

若是詢問五位專業人士財務建模的意義,你大概會得到五個不同的答案。而實際上,就其各自的環境背景來說,每個人的答案都是對的。這無可避免,畢竟財務建模的運用範圍幾乎每天都在持續擴大,新的使用者會想要從自己的角度來定義此學科。

在本章中,為了盡可能釐清,我們將學習財務模型的一些流行的定義和基礎元素,並瞭解一下我最愛的定義為何。此外,為了處理財務模型的各種需求,你還將認識一些存在於目前業界的不同財務建模工具,以及讓 Excel 成為值得利用之理想工具的諸多功能。

於本章結束時,你應能在任何關於基礎財務建模的討論中應對自如。

我們將說明下列這些主題:

- 財務模型的主要元素
- 理解數學模型
- 財務模型的定義
- 財務模型的種類
- Excel 做為財務建模工具時的限制
- 理想的工具 —— Excel

1.1　財務模型的主要元素

首先，要有個讓你必須做出財務決策的情況或問題存在。而你的決定，將取決於如以下各小節所述的兩種以上情境的結果。

財務決策可分為三種主要類型：

- 投資

- 籌資

- 盈餘分配或股息發放

◉ 投資

現在先來看看進行投資決策的一些理由：

- **購買新設備**：你可能已有能力與專業知識可自行於內部製作或建造設備，也可能已有類似的設備存在。因此所需考量的將會是 —— 是否要製作、購買、出售、保留或交易既有的設備。

- **業務擴張決策**：這可能代表要發售新產品、開設新分店或擴大既有的分店。因此所需考量的將會是 —— 比較下列項目：

  A. 投資成本：將所有特定於該投資的成本獨立出來，例如施工、額外的人力、增加的營運成本、對既有業務的負面影響、行銷費用…等等。

  B. 從投資獲得的利益：能夠獲得額外的銷售額。新投資將提升其他的銷售額，並帶來其他可量化的好處。**就投資報酬率（ROI，Return On Investment）**而言，正的 ROI 代表了該投資是個好選擇。

◉ 籌資

籌資決策主要是關於是否要從個人資金或外部的來源取得資金：

- **個人**：例如，若你決定貸款買車，就需要決定你要存進多少錢做為押金，這樣銀行就會把差額借給你。因此所需考量的將會是：

  - ✦ **利率**：利率越高，你尋求的外部籌資量就會越少。

  - ✦ **貸款期限**：期限越長，每月的還款金額就越低，但你欠銀行錢的時間就越長。

  - ✦ **你能夠負擔多少**：這決定了你向銀行要求的最低金額，不論銀行提供的利率是多少。

  - ✦ **每月還款金額**：為了償還貸款，你每個月必須付多少錢。

- **公司**：公司會需要決定是否向內部來源（接洽股東以提供更多額外股權）或外部來源（取得銀行融資）尋求資金。因此所需考量的將會是：

  - ✦ **籌資成本**：籌資成本可輕易以利息與相關費用計算而得。無論公司是否獲利，都必須支付這些籌資費用。股權籌資的成本較低，因為公司可以不必每年都發放股息，而且股息的發放金額是由董事們斟酌決定。

  - ✦ **資金的可得性**：一般來說，要從股東那兒榨出更多錢來是很困難的，除非是已取得一系列的良好成果和可觀的紅利。所以公司可能會別無選擇，只能從外部籌資。

  - ✦ **資金來源的固有風險**：以外部籌資來說，永遠都會有公司無法及時還款的風險存在。這會使公司面臨所有的違約後果，包括安全性風險和財務拮据…等等。

  - ✦ **所期望的負債權益比**：公司的管理階層會希望維持一個符合其風險偏好的負債權益比率。喜歡冒險的人能夠接受高於 1：1 的比率，而風險趨避型的管理者則偏好 1：1 以下的比率。

◉ 股息發放

當有盈餘的資金時，就需要進行盈餘分配或股息發放的決策。亦即決定是否要分配所有盈餘、分配部分盈餘，或者根本不分配。因此所需考量的將會是：

- **股東們的期望**：股東們提供便宜的資金，而且一般來說都很有耐心。但他們會想要確定自己的投資是值得的。而這通常是透過獲利、成長及股息來確認，其中股息尤其重要，畢竟股息對其財務有直接的影響。其資金之所以被視為便宜，是因為股息的支付並非強制性的，而是由董事們斟酌決定。

- **為了未來的成長而保留盈餘的必要性**：董事們有責任要緩和屈服於壓力的衝動，要努力抗拒宣布盡可能多發股息的壓力，有必要至少保留部分盈餘以用於未來的成長和突發狀況。

- **維持良好股息政策的想望**：為了維持現有股東的信心，同時吸引可能的投資者，良好的股息政策有其必要性。

你現在應該已經更瞭解財務決策是怎麼一回事了。接著讓我們來看看為了方便進行財務決策而建立的數學模型。

1.2 理解數學模型

在事物的結構中，最好或最理想的解決方案通常都是以金錢來衡量。這可能是能產生最高報酬的選項、最便宜的選項、風險等級可接受的選項，或者最環保的選項等，但其實多半是所有這些特性的混合體。

在這種狀況下，無可避免地存在有固有的不確定性，這使得我們有必要依據過去的結果來做出假設。而掌握狀況或問題中所有固有變數最恰當的方式，就是建立數學模型。此模型將在做為模型之輸入資料的變數與假設之

間建立關連性，它將包含一系列的計算以評估輸入的資訊，然後釐清並提出各種備選方案及其對應的結果。這樣的模型就叫做財務模型。

1.3　財務模型的定義

維基百科將財務模型視為一種以抽象形式呈現金融資產、專案或其他投資之績效的數學模型。

而企業金融學院（CFI，Corporate Finance Institute）相信，藉由利用某些變數來評估特定財務決策的結果，財務模型有助於預測未來的金融績效。

BusinessDictionary 認同數學模型的概念，因為它包含多組方程式。此模型聚焦於財務決策的結果，分析實體將如何應對不同的經濟狀況。接著列出一些你會期望在財務模型中找到的報表和明細表。此外該網站還認為，此模型可評估公司政策及投資者和放貸者所施加之限制在財務方面的影響。然後提供一個以現金預算為例的簡易財務模型。

eFinance Management 則是將財務模型視為一種財務分析師試圖用來預測未來幾年之收益及績效的工具。他們認為完成後的模型是商業交易的一種數學表述。該網站還將 Excel 列為建模的主要工具。

而我個人的定義如下：

> 財務模型是一種為了解決財務決策狀況所建立的數學模型。此模型依據其計算結果，藉由提出首選的行動方案及其後果，來促進決策。

這個定義提到了財務決策與數學模型，並接著說明兩者之間的關係，也就是為了方便進行決策。重要的是，此定義指出了模型會提出首選的行動方案，以供決策者在考量各選項之後果的前提下，從中做出選擇。

1.4 財務模型的種類

財務模型有幾種不同的類型，而模型的類型取決於其目的與目標受眾。一般來說，當你想要評估或計畫某些事情，又或是混合了評估與計畫這兩個目的時，就可以建立財務模型。

接下來介紹的這幾個模型，屬於試圖計算價值的例子。

◉ 三大報表模型

三大報表模型是大多數評價（價值評估）模型的起點，其內容包括：

- **資產負債表（或財務狀況表）**：這是個列出了資產（由公司所擁有且具經濟價值的資源，通常用於為公司創造收益，例如廠房、機器設備與庫存等）、負債（公司的債務款項，例如應付賬款與銀行貸款等）和所有者權益（所有者對公司之投資的衡量標準）的報表。

  如圖 1.1 便是個資產負債表的例子，其中列出了資產（assets）、負債（liabilities）與權益（equity）。請注意看會計等式是如何於其中發揮作用，亦即總資產減去流動負債（Total Assets less current liabilities），等於權益加上非流動負債（Total equity and non current liabilities）：

- **損益表（或綜合損益表）**：圖 1.2 是一份總結了一家公司的績效的報表，其中比較了該公司於指定期間內所產生的收入，與在同期間實現該收入所發生之費用，進而得出損益狀況（以本例來說是有獲利）：

		Y01A	Y02A	Y03A	Y04F	Y05F	Y06F	Y07F	Y08F
2	Wazobia Global Ltd								
4	Balance Check	TRUE	TRUE	TRUE	TRUE	TRUE	TRUE	TRUE	TRUE
6	(Unless otherwise specified, all financials are Units	Y01A	Y02A	Y03A	Y04F	Y05F	Y06F	Y07F	Y08F
58	**BALANCE SHEET**								
60	ASSETS								
61	Non current assets								
62	Property, plant and equipment	90,000	80,000	70,000	240,000	210,000	180,000	150,000	120,000
63	Investments	12,197	11,549	18,106	58,106	58,106	58,106	58,106	58,106
64	Total non current assets	102,197	91,549	88,106	298,106	268,106	238,106	208,106	178,106
65	Current assets								
66	Inventories	15,545	18,007	21,731	14,530	21,860	14,659	21,990	14,790
67	Trade and other receivables	20,864	31,568	35,901	33,812	39,063	37,117	42,519	40,730
68	Cash and cash equivalents	7,459	17,252	9,265	65,106	67,707	98,408	121,224	172,905
69	Total current assets	43,868	66,827	66,897	113,447	128,630	150,184	185,734	228,425
70	Current liabilities								
71	Trade and other payables	12,530	16,054	15,831	14,072	15,938	14,179	16,045	14,287
72	Overdraft	-	-	-	-	-	-	-	-
73	Total current liabilites	12,530	16,054	15,831	14,072	15,938	14,179	16,045	14,287
75	Net current assets	31,338	50,773	51,066	99,375	112,693	136,005	169,689	214,138
77	Total Assets less current liasbilities	133,535	142,322	139,172	397,481	380,799	374,111	377,795	392,244
79	Non current liabilities								
80	Unsecured loans	40,000	35,000	30,000	275,000	245,000	215,000	185,000	155,000
81	Other non current liabilities	5,000	5,000	5,000	5,000	5,000	5,000	5,000	5,000
82	Total non current liabilities	45,000	40,000	35,000	280,000	250,000	220,000	190,000	160,000
83	Equity								
84	Share capital	70,000	70,000	70,000	70,000	70,000	70,000	70,000	70,000
85	Retained earnings	18,535	32,322	34,172	47,481	60,799	84,111	117,795	162,244
86	Total equity	88,535	102,322	104,172	117,481	130,799	154,111	187,795	232,244
88	Total equity and non current liabilities	133,535	142,322	139,172	397,481	380,799	374,111	377,795	392,244

圖 1.1　資產負債表（財務狀況表）

		Y01A	Y02A	Y03A	Y04F	Y05F	Y06F	Y07F	Y08F
4	Balance Check	TRUE	TRUE	TRUE	TRUE	TRUE	TRUE	TRUE	TRUE
6	(Unless otherwise specified, all financials are Units	Y01A	Y02A	Y03A	Y04F	Y05F	Y06F	Y07F	Y08F
93	**PROFIT & LOSS**								
95	Revenue	260,810	272,241	245,009	297,938	311,453	325,582	340,351	355,791
96	Cost of sales	177,782	184,703	179,052	179,690	180,331	180,974	181,619	182,267
97	GROSS PROFIT	83,028	87,538	65,957	118,247	131,122	144,608	158,732	173,524
98	Sales and marketing expenses	9,204	10,521	11,099	11,210	11,719	12,250	12,806	13,387
99	General and administration expenses	25,145	26,402	21,752	26,786	28,001	29,271	30,599	31,987
100	Depreciation	10,000	10,000	10,000	30,000	30,000	30,000	30,000	30,000
101	Other expenses	5,675	13,342	4,394	8,559	8,948	9,353	9,778	10,221
102	OPERATING PROFIT	33,004	27,273	18,712	41,692	52,455	63,733	75,549	87,929
103	Other income	3,333	2,183	2,156	2,156	2,156	2,156	2,156	2,156
104	Interest	2,000	3,750	3,250	15,250	26,000	23,000	20,000	17,000
105	Other Finance cost	9,265	9,644	9,848	9,586	9,586	9,586	9,586	9,586
107	PROFIT BEFORE TAX	25,072	16,062	7,770	19,013	19,025	33,303	48,120	63,499
108	Income tax expense	6,537	2,275	5,920	5,704	5,708	9,991	14,436	19,050
110	PROFIT AFTER TAX	18,535	13,787	1,850	13,309	13,318	23,312	33,684	44,449

圖 1.2　損益表（綜合損益表）

9

- **現金流量表**：這是一份用以確認在審查期間內，往來於各種來源、營運和交易之現金流入和流出的報表。其中，淨現金流入應等於資產負債表上該審查期間內現金及約當現金（Cash and cash equivalents）的變動額。

  以下的螢幕截圖便是一個現金流量表的例子：

	Balance Check	TRUE	TRUE	TRUE	TRUE	TRUE	TRUE	TRUE	TRUE
	(Unless otherwise specified, all financials are Units	Y01A	Y02A	Y03A	Y04F	Y05F	Y06F	Y07F	Y08F
113	**CASH FLOW STATEMENT**								
114									
115	**Cashflow from Operating Activities**								
116	PAT		13,787	1,850	13,309	13,318	23,312	33,684	44,449
117	Add: Depreciation		10,000	10,000	30,000	30,000	30,000	30,000	30,000
118	Add: Interest Expense		3,750	3,250	15,250	26,000	23,000	20,000	17,000
119									
120	**Net Change in Working Capital**								
121	Add: Increase in Accounts payable		3,524	(223)	(1,759)	1,865	(1,758)	1,866	(1,758)
122	Less: Increase in Inventory		(2,462)	(3,724)	7,201	(7,331)	7,201	(7,331)	7,201
123	Less: Increase in Account Receivables		(10,704)	(4,333)	2,089	(5,252)	1,946	(5,402)	1,789
124	**Net Change in Working Capital**		(9,642)	(8,280)	7,532	(10,717)	7,389	(10,867)	7,232
125									
126	**Cashflow from Operations**		**17,895**	**6,820**	66,091	58,600	83,701	72,816	98,681
127									
128	**Cashflow from Investment Activities**								
129	Less: Capex		-	-	(200,000)	-	-	-	-
130	Add: Proceeds from Disposal of Assets								
131	Less: Increase in WIP								
132	Less: Increase in Investments		648	(6,557)	(40,000)	-	-	-	-
133	**Cashflow from Investment Activities**		**648**	**(6,557)**	**(240,000)**	-	-	-	-
134									
135	**Cashflow from Financing Activities**								
136	Add: New Equity Raised								
137	Add: New Unsecured Loans Raised		-	-	250,000	-	-	-	-
138	Less: Unsecured Loans Repaid		(5,000)	(5,000)	(5,000)	(30,000)	(30,000)	(30,000)	(30,000)
139	Less: Dividends Paid								
140	Less: Interest Expense		(3,750)	(3,250)	(15,250)	(26,000)	(23,000)	(20,000)	(17,000)
141	**Cashflow from Financing Activities**		**(8,750)**	**(8,250)**	**229,750**	**(56,000)**	**(53,000)**	**(50,000)**	**(47,000)**
142									
143	**Net Cashflow**		**9,793**	**(7,987)**	**55,841**	**2,600**	**30,701**	**22,816**	**51,681**
144									
145	**Cash Balance**								
146	Opening Balance		7,459	17,252	9,265	65,106	67,707	98,408	121,224
147	Net Cashflow		9,793	(7,987)	55,841	2,600	30,701	22,816	51,681
148	**Closing Balance**		**17,252**	**9,265**	**65,106**	**67,707**	**98,408**	**121,224**	**172,905**

圖 1.3　現金流量表

三大報表模型的數學運算是從歷史資料開始。換句話說，前 3 到 5 年的損益表、資產負債表和現金流量表資料都將被輸入至 Excel 中。接著便會做出一組假設，並用於在未來的 3 到 5 年內驅動財務結果，如三大報表所示。本書稍後會再進一步詳細說明這部分，你將能更清楚理解。

◉ 現金流量折現模型

大部分專家都認為，**現金流量折現**（DCF，Discounted Cash Flow）模型最能夠精準地評價一間公司。基本上，這種評價方法是把一間公司的價值視為該公司未來能產生之所有現金流的總和。實際上，該現金會根據各種債務款項進行調整，以得出自由現金流。此外這種評價法還會考量金錢的時間價值，而這個概念我們將於「第 10 章，評價（價值評估）」中進一步理解、熟悉。

DCF 評價法將評價模型應用於前面「三大報表模型」部分所提到的三大報表模型。而稍後，我們將遇到並充分解說此評價模型所包含的技術參數。

◉ 比較公司模型

此模型的理論基礎在於 ── 類似的公司會有類似的價值倍數。所謂的價值倍數就是，例如將公司或企業的價值（**企業價值**或 EV，Enterprise Value）與其收益做比較。而收益有如下的幾個不同層次：

- **息稅折舊攤銷前收益（EBITDA，Earnings Before Interest, Tax, Depreciation, and Amortization）**
- **息稅前收益（EBIT，Earnings Before Interest and Tax）**
- **稅前利潤（PBT，Profit Before Tax）**
- **稅後利潤（PAT，Profit After Tax）**

我們可以算出並運用多個價值倍數，以得出該公司的一系列企業價值。比較公司模型過於簡單且高度主觀，尤其是在可比較的公司的選擇方面；不過它相當受分析師們的青睞，因為它提供了一個迅速估計出公司粗略價值的方法。

同樣地，此方法也倚賴三大報表模型為起點，然後找出三到五家具有所引用之企業價值的類似公司。

而在選擇類似的公司（同儕群體）時，所考慮的條件將包括業務性質、資產和／或營業額的規模、地理位置…等等。

接下來再利用這些公司的企業價值和所選定的價值倍數，來得出目標公司的企業價值。需遵循的步驟如下：

1. 計算每家公司的價值倍數（例如 **EV/EBITDA**、**EV/ 銷售收入**，以及**本益比**（也稱為**市盈率**））。

2. 然後計算同儕群體公司的價值倍數的**平均值**和**中位數**。

   中位數通常比平均值更有用，因為它修正了離群值的影響。而所謂的離群值，是指樣本中那些明顯大於或小於其他項目的單獨項目，這些明顯偏離的項目往往會將平均值往其中一方向扭曲。

3. 接著為目標公司套用價值倍數的中位數，並替換收益值，例如以如下的方程式計算於三大報表模型中的 EBITDA：

$$價值倍數 = EV/EBITDA$$

4. 只要重新排列此公式，便能得出目標公司的企業價值（EV）：

$$EV = 價值倍數 \times EBITDA$$

◉ 併購模型

當兩家公司企圖合併，或有一家公司試圖收購另一家公司時，投資分析師就會建立**併購（M&A，Merger and Acquisition）**模型。首先分別為各個公司建立評價模型，再為合併後的實體建立模型，然後將三者的**每股盈餘（EPS，Earnings Per Share）**都算出來。每股盈餘是公司獲利能力的指標，而其計算方式是以淨收益除以股數。

此模型的目的，是要確認合併對收購公司的 EPS 的影響。若合併後的 EPS 有增加，我們就會說該合併為增值合併，否則就是稀釋合併。

◉ 槓桿收購模型

所謂的槓桿收購，是指 A 公司以現金（股權）加上貸款（負債）的方式來收購 B 公司。而負債的部分往往很大。然後 A 公司便著手經營 B 公司，償還負債，接著於 3 到 5 年後賣掉 B 公司。**槓桿收購（LBO，Leveraged BuyOut）**模型將算出 B 公司的價值，以及該公司最終售出的可能報酬。

以上這些都是財務模型的例子，它們的建立目的都是為了評估事物的價值。接著則要來看一些以計畫為目的的模型。

◉ 貸款還款明細表

當你向銀行申請汽車貸款時，承辦的業務人員會帶領你瞭解貸款的結構，其中包括貸款金額、利率、每月還款金額，有時還會包括你能存進多少錢做為押金。

下圖的表格便將這些假設以邏輯化的方式編排在一起，以便輕鬆因應假設的任何變化，並將其影響立刻反映於最後的輸出結果中：

Amortization Table					
Assumptions					
Cost of Asset	20,000,000				
Customer's Contribution	10%				
Loan Amount	18,000,000				
Interest Rate (Annual)	10%				
Tenor (Years)	10				
Payment periods per year	12				
Interest Rate (Periodic)	0.83%				
Total periods	120				
Periodic Repayment (PMT)	=-1*(PMT(C11,C12,C7))				
		Periods	PMT	Interest Paid	Principal Reduction	Balance
		0				18,000,000.00
		1	237,871.33	150,000.00	87,871.33	17,912,128.67
		2	237,871.33	149,267.74	88,603.59	17,823,525.09
		3	237,871.33	148,529.38	89,341.95	17,734,183.14
		4	237,871.33	147,784.86	90,086.47	17,644,096.67
		5	237,871.33	147,034.14	90,837.19	17,553,259.48
		6	237,871.33	146,277.16	91,594.16	17,461,665.32
		7	237,871.33	145,513.88	92,357.45	17,369,307.87
		8	237,871.33	144,744.23	93,127.09	17,276,180.77
		9	237,871.33	143,968.17	93,903.15	17,182,277.62
		10	237,871.33	143,185.65	94,685.68	17,087,591.94
		11	237,871.33	142,396.60	95,474.73	16,992,117.21
		12	237,871.33	141,600.98	96,270.35	16,895,846.86
		13	237,871.33	140,798.72	97,072.60	16,798,774.26
		14	237,871.33	139,989.79	97,881.54	16,700,892.72
		15	237,871.33	139,174.11	98,697.22	16,602,195.50
		16	237,871.33	138,351.63	99,519.70	16,502,675.80
		17	237,871.33	137,522.30	100,349.03	16,402,326.78
		18	237,871.33	136,686.06	101,185.27	16,301,141.51
		19	237,871.33	135,842.85	102,028.48	16,199,113.03
		20	237,871.33	134,992.61	102,878.72	16,096,234.31
		21	237,871.33	134,135.29	103,736.04	15,992,498.27
		22	237,871.33	133,270.82	104,600.51	15,887,897.76
		23	237,871.33	132,399.15	105,472.18	15,782,425.58
		24	237,871.33	131,520.21	106,351.11	15,676,074.47
		25	237,871.33	130,633.95	107,237.37	15,568,837.10
		26	237,871.33	129,740.31	108,131.02	15,460,706.08
		27	237,871.33	128,839.22	109,032.11	15,351,673.97

圖 1.4　分期償還表

上面螢幕截圖中的貸款還款明細表模型，是由一個包含所有假設的部分，和另一個具有還款時程表的部分所構成，而該還款時程表與所有假設整合在一起，當假設有任何變動，時程表的內容就會自動隨之更新，無須使用者的進一步干預操作。

其中的每月還款金額，是用 Excel 的 **PMT 函數**計算而得。期限（Tenor）為 10 年，但還款是每月一期（每年還款 12 次，Payment periods per year），因此總還款期數（*nper*，Total periods）為 12×10 = 120。請注意，年利率（Interest Rate (Annual)）必須轉換為每期利率（Interest Rate (Periodic)），在此例中就是 10%/12（利率／期），相當於每個月要給 0.83% 的利息。PV 是指貸款金額。此外我們還必須記住，實際的貸款金額是資產成本減去顧客的押金。

此模型加入了選擇捲軸，因此顧客的押金（Customer's Contribn，10%–25%）、利率（18%–21%），以及期限（5–10 年）都能輕鬆改動，且改動後的結果會立刻顯示出來，因為參數都會自動重新計算。

上面的螢幕截圖呈現的是銀行所使用的那種分期償還表，其目的是要方便地迅速切換顧客的各種選擇。

◉ 預算模型

預算模型是一家公司的現金流入與流出的財務計畫，它為營業額、採購、資產、負債等構建所需或標準結果的情境。然後它可將實際的結果與預算或預測做比較，再依據比較的結果來做決定。預算模型通常以月或季為單位，且強烈聚焦於損益表。

◉ 其他種類的模型

其他類型的財務模型包括下列這些：

- **首次公開募股模型**：這是一種用來支援公司的首次公開募股（IPO，Initial Public Offer）以準備好吸引投資者的財務模型。
- **分類加總模型**：在這種評價方法中，會對公司的不同部門分別進行評估。而公司的價值為所有部分的總和。

- **合併模型**：這是將多個業務單位或部門的結果合併至單一模型中的一種模型。

- **選擇權定價模型**：這是一種以數學方式得出選擇權之理論價格的模型。

希望各位現在已懂得欣賞現存的各種模型，並能體會建模者為確保其模型清楚、全面且無錯誤而必須面臨的諸多挑戰。

使用正確的工具並充分掌握該工具可說是非常重要。

1.5 Excel 做為財務建模工具時的限制

Excel 一直都是公認的財務建模首選軟體。然而 Excel 中存在有重大缺陷，讓認真的建模者想要尋求其他的替代工具，尤其是在建立複雜的模型時。以下就是一些 Excel 的缺點，而這些都是專用於財務建模的軟體會試圖修正的缺陷：

- **大型資料集**：Excel 不擅長處理非常大量的資料。在大部分的操作之後，Excel 都會重新計算包含在模型中的所有公式。對多數使用者來說，這些事情發生得非常快速，甚至根本不會注意到。但在處理大量資料與複雜的公式時，重新計算的延遲狀況就會變得相當明顯，可能會非常惱人。而其他的軟體則能夠處理包含複雜公式的巨大多維度資料集。

- **資料擷取**：在建模的過程中，往往會需要從網路及其他來源擷取資料。例如從公司網站擷取財務報表、從多個來源擷取匯率…等等。這些資料的格式不同，結構層級也各異。就從這些來源擷取資料而言，Excel 的表現相對不錯。但是必須要手動處理，因此不僅單調乏味，又受限於使用者的技術能力。**Oracle BI**、**Tableau** 與 **SAS** 等其他軟體，都可自動擷取並分析資料（此缺陷在 Office 365 中已藉由 Power Query 的

使用而獲得改善，Power Query 現已整合為 Excel 的一部分。詳情請參閱「第 5 章，Power Query 簡介」）。

- **風險管理**：財務分析中有個非常重要的部分，就是風險管理。以下就讓我們來看幾個風險管理的例子：

   A. **人為錯誤**：這裡指的是與人為錯誤導致之後果有關的風險。使用 Excel 時，暴露於人為錯誤的風險是顯著且無可避免的。大多數的其他建模軟體在設計時，都以防錯為首要考量。隨著許多程序的自動化，這能將人為錯誤的可能性降至最低。

   B. **假設中的錯誤**：在建構模型時，會需要做一些假設，因為我們正在對未來可能發生的事情做出有根據的猜測。儘管這些假設很重要，但它們必定是主觀的。面對相同情況的不同建模者可能會提出不一樣的假設，進而導致截然不同的結果。這正是我們總是必須檢測模型準確性的原因，亦即要以一系列替代值取代關鍵假設並觀察這對模型有何影響。

這個用替代值取代某些假設的程序，稱為敏感度與情境分析，是建模中一個必不可少的部分。這些分析都能在 Excel 中完成，但總是有範圍限制，且必須手動操作。其他的軟體則能夠輕易對不同的變數或變數集使用蒙地卡羅模擬，以提供一系列可能的結果及其發生機率。所謂的**蒙地卡羅模擬**是一種數學技巧，其做法是以一系列的值來取代各種假設，然後一遍又一遍地執行計算。此程序可能會需要進行成千上萬次的計算，直到最終產生出可能的結果分佈為止。而這樣的分布代表了各個結果發生的機會或機率。「第 11 章，模型的合理性與準確性檢測」便包含了一個蒙地卡羅模擬的簡單例子。

1.6 理想的工具 —— Excel

儘管 Excel 有許多缺點，其他建模軟體所做出的結果又是如此地令人印象深刻，但 Excel 仍舊是首選的財務建模工具。

其理由顯而易見：

- **已經在電腦裡**：你的電腦很可能已經裝有 Excel。而其他的建模軟體往往需要另外特別去購買，且必須手動安裝於電腦中。

- **熟悉的軟體**：大約 80% 的使用者都已經具備 Excel 的應用知識。其他的建模軟體，則通常需要顯著的學習曲線才能夠習慣不熟悉的程序。

- **無額外成本**：你很可能已經訂閱了 Microsoft Office，其中就包含 Excel。而安裝專門的新軟體以及教導潛在使用者如何使用該軟體的成本，往往很高又很持續。若使用其他軟體，每一批新的使用者都必須接受該軟體的訓練，這些都需要付出額外費用。

- **彈性**：其他的建模軟體通常是專門用於處理某些特定情境，故雖然這些軟體在那些特定情境中結構良好且準確，但若遇上與預設情境顯著不同的狀況時，就會顯得僵硬死板，無法調整以妥善處理。Excel 則是很有彈性，能夠適應許多不同的用途。

- **可移植性**：以其他軟體製作出的模型無法直接分享給其他使用者，或是分享至組織外，因為對方必須要有同樣的軟體，該模型才會有意義。Excel 則跨越了地理界線，共通於每個使用者。

- **相容性**：Excel 和其他軟體的溝通非常良好。幾乎所有軟體都能夠以某種 Excel 能理解的形式輸出資料。同樣地，Excel 也能夠輸出可為許多不同軟體讀取的資料格式。換句話說，不論是要匯出還是匯入資料，Excel 都具有很高的相容性。

- **優秀的學習體驗**：使用 Excel 從零開始建構模型，能讓使用者有很棒的學習體驗。不僅會對專案有更深入的理解，也能更充分掌握被建模的實體。此外還會學到模型中各個不同部分之間的連結與關係。

- **理解資料**：沒有任何其他軟體能像 Excel 那樣模仿人類的理解方式。Excel 知道一分鐘有 60 秒，一小時有 60 分鐘，一天有 24 小時，也懂得週、月、年…等等。Excel 知道一週中各個日子分別是星期幾，也知道一年中的各個月份及其縮寫，例如 Wed 代表 Wednesday（星期三），Aug 代表 August（八月），而 03 表示三月！ Excel 甚至知道哪些月份有 30 天，哪些月份有 31 天，哪幾年的二月份有 28 天，又有哪幾年是潤年所以二月份有 29 天。它能夠分辨數字和文字，還知道數字可以加、減、乘、除，而文字可以按照字母順序排序。基於對這些參數的類似人類般的理解，Excel 建構出了一系列令人驚艷的功能與函數，可讓使用者從各式各樣的資料中擷取難以想像的細節。在「第 5 章，Power Query 簡介」中，便會介紹到一些這部分的內容。

- **導覽**：模型有可能很快就變得非常龐大，而以 Excel 的能力來說，大多數模型都將只受限於你的想像力和喜好。這可能會導致你的模型笨重而難以瀏覽。Excel 具備豐富多樣的導覽工具與捷徑，能讓瀏覽過程更輕鬆愉快。以下便是幾個 Excel 導覽工具的例子：

  A. **Ctrl + PageUp/PageDown**：這些快速鍵能讓你在工作表之間迅速切換。Ctrl + PageDown 可跳至下一個工作表，而 Ctrl + PageUp 則可跳至前一個工作表。

  B. **Ctrl + 方向鍵（→↓←↑）**：若作用中的儲存格（你所位在的儲存格）是空的，那麼按 Ctrl + 方向鍵會讓游標跳至該方向上第一個有內容的儲存格。若作用中的儲存格有內容，則按 Ctrl + 方向鍵會讓游標跳至該方向上在空白儲存格前的最後一個有內容的儲存格。

1.7　總結

你現在應該更瞭解財務模型到底是什麼了。此外也應該知道了 Excel 的缺點，並懂得為何有時會使用一些其他的建模工具但 Excel 卻依舊是財務建模最好的選擇。

在下一章中，我們將學習並瞭解與建構模型有關的各種步驟。

CHAPTER
02

建立財務模型的步驟

建構財務模型的程序可分解為數個明確階段。大多數的這些階段都能與其他人同時進行，只有一些必須等其他人完成後才能開始。本章便要為各位介紹建構模型所需的步驟，並解說各個步驟的性質。

任何專案的進行，都應從精準瞭解所有專案內容開始。如果從錯誤的方向開始，便會發生以下三件事之一：

- 你會在專案進行到一半時發現這不是客戶想要的，於是就必須從頭來過。

- 你最終會說服客戶接受一個非預期中的專案。

- 你將繼續進行錯誤的專案，然後終究會被否決。

此階段的影響非常大，通常會佔用總建模時間的 75% 左右。

在本章中，我們將說明下列這些主題：

- 與管理階層討論

- 建立假設

- 為你的模型建立範本

- 上傳過去的財務資料

- 預測資產負債表與損益表

- 其他的明細表與預測

- 現金流量表

- 編製比率分析

- 評價（價值評估）

2.1　與管理階層討論

這是你決定或確認模型的範圍及目標的時候。而管理階層也正是有關未來計畫與趨勢資訊的主要來源。

一般來說，不可能在第一次詢問時就得到所有細節。所以你應該要準備好再回頭找部門主管，從更深入理解的角度出發，詢問同樣或類似的問題。

接下來的幾個段落便說明了你該採取的步驟，以確保能從與管理層的討論中獲得充足的資訊，並瞭解應將注意力集中於何處。

◉ 衡量管理階層的期望

在與管理階層討論時，你需要清楚瞭解他們對此任務的期望，以及他們希望實現的目標。

如果所需要的只是預估現金流，那麼建立完整的評價模型就會是一種時間與資源的浪費，而且你多付出的勞力應該不會獲得回報。稍後在本書中，我們將詳細討論所有最重要的現金流量表，以及不同的評價模型。

◉ 瞭解客戶的業務

充分瞭解客戶的業務內容非常重要。你必須知道該產業的狀況，並找出基於地理位置以及特定於該客戶的任何特殊性。此外也該瞭解該產業的趨勢，以及客戶的競爭對手是誰。若客戶經營於專門的產業，你會需要考慮諮詢該領域的專家。每當有不確定性，確鑿的證據就是確保你有做對事情的最佳形式之一。

◉ 部門主管

在建立有關未來的成長和預期趨勢的假設方面，部門主管的貢獻最多。他們已在各自的專業領域工作多年，比大多數人都更了解其業務內容。因此，你應該要信賴他們提供的答案。

因此，你應該要站在評估的立場，評估他們對公司的計畫提供可靠見解的能力。

一旦與管理階層展開討論後，我們就可以開始確認並闡明我們的假設。只要確定了任務的性質、範圍和目的，這部分就能與討論同時進行。

2.2 建立假設

財務建模就是在預測未來的結果或行為。

為此，你需要建立一組假設以橋接實際績效與未來結果之間的差距。雖然你會需要預測模型裡的所有項目，不過你的假設將聚焦於對最終結果有重大影響的項目。其他較不重要的項目則可預測為，比方說，營業額的百分比（針對收益項目）或是最有可能的數字（針對資產負債表的項目）。

你的假設將需要考慮各個項目是會增加、減少，還是維持不變。而你計算所預計之變化的方式，被稱為**成長驅動因素**。例如，針對收益項目，就可能是通貨膨脹、年增率或一些其他的指標。

在進行此任務的過程中，你可能會需要做出新的假設及／或修改其他假設。而有個絕佳的辦法能讓你的模型瀏覽和更新起來都更輕鬆快速，那就是藉由建立範本的方式來標準化並簡化模型。

2.3　為你的模型建立範本

有系統地建構並維護模型永遠都很重要。

就算只有你本人會使用該模型，每當你有理由在一段時間後重新取用該模型時，也肯定不會希望為了找到你所需要的，而必須費力地翻找各種明細表與工作表。

若你的模型將為他人所用，這點就更重要了。可確保模型易懂易用的一個好辦法，就是建立具有一些簡單規則可指引如何輸入及呈現資料的範本（標準格式）。一般來說，你會需要至少六欄的數字，過去與預測的年份各三欄，另外再加上三或四欄的描述性資訊。範本應強化導覽功能並且要易於理解並遵循。而第一個重要決定，就是要採取單一工作表還是多個工作表的方式。

接下來，我們將瞭解這兩種方式的一些特色，包括優缺點，以及如色彩編碼等讓模型易於理解、遵循的訣竅。

⊙ 多工作表方式

在多工作表的方式中，每個工作表都專用於一個報表。所以你的假設、資產負債表、損益表、現金流量表等，都各自在單獨的工作表上。這表示，

你最終會有 10 個以上的工作表。下面的螢幕截圖便呈現了此方式所需的多個索引標籤：

42		
43	**Valuation Assumptions**	
44	Risk free rate	8.0%
45	Beta	0.70
46	Expected return from market	
47	Cost of debt	
48	Target debt: capital ratio	0.40
49		
50		多個工作表索引標籤

Cover　Assumptions　Asset sch　Debt　工作表1　OtherCalcn　BSHT　P&L　CF　Ratios

圖 2.1 採取多工作表方式時的多個索引標籤

當你將一個工作表專用於一個報表時，例如資產負債表，你就會清楚知道資產負債表上的所有內容都只與資產負債表有關。工作表上不會有模稜兩可的內容。若你接著需要修改或查詢該工作表上的內容，就不必擔心是否會影響到除了資產負債表之外的其他報表。

而為了讓模型瀏覽起來更有效率，你應該要確保每張工作表上的各年份資料都分別位於同一欄。也就是說，若 Y05F 年的資料位於資產負債表工作表的 J 欄，那麼在損益表、現金流量表和所有其他工作表上的 Y05F 年資料，也都該位於 J 欄中。

◉ 單一工作表方式

為了依循這種方式，你必須從一開始就確保讓所有報表都維持標準的版面配置。任何對欄寬的更改或企圖插入、刪除欄，都會影響到所有的報表，因為這些報表彼此層疊在一起。此方式有個很重要的部分，就是要將各個報表分別群組起來。Excel 可將多個列群組起來，這樣就能於群組建立後，透過點按在列標籤旁的「-」或「+」號來折疊 / 隱藏或展開 / 顯示這些列。下面的螢幕截圖便是一個單一工作表方式的例子：

Wazobia Global Ltd

Balance Check		TRUE	TRUE	TRUE	TRUE	TRUE
(Unless otherwise specified, all financials are Units		Y01A	Y02A	Y03A	Y04F	Y05F
Accumulated Depreciation						
Opening Balance		-	10,000	20,000	30,000	60,000
Add: Depreciation during current year		10,000	10,000	10,000	30,000	30,000
Closing Balance		**10,000**	**20,000**	**30,000**	**60,000**	**90,000**
Net Book Value		90,000	80,000	70,000	240,000	210,000

DEBT SCHEDULE

Unsecured Loans						
Opening		-	40,000	35,000	30,000	275,000
Additions		40,000	-	-	250,000	-
Repayments On 40M	8 yrs		5,000	5,000	5,000	5,000
Repayments On 250M	10 yrs					25,000
Closing	0	40,000	35,000	30,000	275,000	245,000
Interest rate		10%	10%	10%	10%	10%
Interest		2,000	3,750	3,250	15,250	26,000

SOCIE - OTHER CALCN

Equity						
Opening		70,000	70,000	70,000	70,000	70,000
Additions		-	-	-	-	-
Closing		70,000	70,000	70,000	70,000	70,000
Retained earnings						
Opening		-	18,535	32,322	34,172	47,481
Result for the year - PAT		18,535	13,787	1,850	13,309	13,318
Closing		18,535	32,322	34,172	47,481	60,799

RATIOS

Profitability Ratios						
EBIT Margin		10%	7%	4%	11%	14%
PBT Margin		10%	6%	3%	6%	6%
PAT Margin		7%	5%	1%	4%	4%

Cover	Financial Model	Valuation	⊕

圖 2.2　垂直配置的財務模型例子

就在列編號之前的左側邊框處，有向下延伸的垂直線。而各個垂直線的長度剛好涵蓋了屬於該特定群組的列的範圍。將其折疊或展開用的按鈕就顯示在垂直線的末端，亦即該群組的最後一列之後。當群組處於展開狀態

時，按鈕會顯示為「－」號。按一下該「－」號鈕，便會折疊該群組，並使按鈕變成「＋」號。若是想展開群組，則按一下「＋」號鈕。

你將會建立群組，以便在折疊 / 隱藏某個報表時，仍可看見該報表的標題，就如下圖所示：

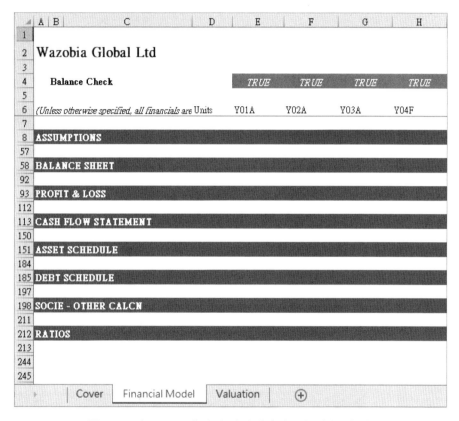

圖 2.3 在單一工作表方式中將各個群組折疊起來

你會注意到在上面的螢幕截圖中，當報表處於折疊狀態時，接在第 8 列之後的是第 57 列。在這之間的列包含了 ASSUMPTIONS（假設）明細表，當這些群組在一起的列處於折疊狀態時，便是隱藏的。藉由點按列標籤 38 旁的「＋」號鈕，該群組便會展開並顯示出完整的明細表。圖 2.3 示範了一種在編排得當時群組該有的樣子。

接著，讓我們來看看欄的配置方式。考量到瀏覽的方便性，在此我們減少前兩欄的寬度（A 與 B），並延長 C 欄的寬度，如圖 2.4 所示。

其中 A 欄將用於第一層級的標題，B 欄用於第二層級的標題，而 C 欄則用於需要較寬欄寬的說明或詳細資訊。

下面的螢幕截圖便顯示了模型範本看起來該有的樣子：

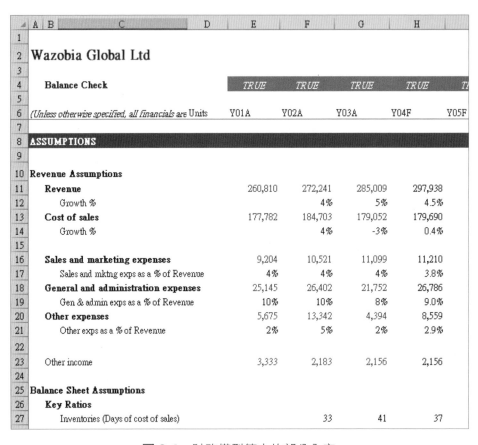

圖 2.4　財務模型範本的部分內容

這樣的編排提供了層疊式的效果，同時有助於使用 Excel 的鍵盤快速鍵，在同層級的標題之間快速切換瀏覽。例如，將游標移至 ASSUMPTIONS（即儲存格 A8）處後，按 Ctrl ＋向下的方向鍵（↓），便能使游標往下跳至儲存格 A10（Revenue Assumptions，收益假設），再按一次又跳至 A25（Balance Sheet Assumptions，資產負債表假設）。D 欄用於單位（Units），而 E 欄用於過去財務資料中第一年的資料。就如本章稍早曾提到的，在多工作表方式中的各年度資料應維持在各個工作表上的相同欄。不過在單一工作表方式中，這不成問題，因為各個報表是彼此層疊在一起的：

- **色彩編碼**：這是一種用來區分可能會更改內容之輸入（寫死的）儲存格與包含公式之儲存格的方法。寫死的儲存格應為藍色字體，計算而成的儲存格則維持預設的黑色字體。在進行除錯或是有需要修改原來的假設時，這種做法非常有幫助。因為你將能快速找出輸入的儲存格，而只有這些儲存格才有可能需要修改。

- **凍結窗格**：利用這個功能，你就可在往下捲動瀏覽至超出其一般可見範圍時，讓標題和欄標題依舊維持顯示。我們應該要凍結窗格，好讓**結餘檢查**（Balance Check）與**年份**（Years）在資產負債表的凍結列中維持顯示。

- **四捨五入**：當你必須將年度財務資料填入至 10 個欄中時，四捨五入的重要性就變得顯而易見。螢幕的空間很快就被填滿，有些資料必需往右捲動才能看得到。

因此我們應該要盡可能地將數字四捨五入，好讓所有年份的資料能同時顯示在單一螢幕寬度內。

希望你現在已瞭解標準的做法與範本如何能讓建模工作更快、更有效率。

2.4 上傳過去的財務資料

一旦編製好範本，下一步就是要取得過去的財務資料。而對於過去的財務資料，我們有興趣的是資產負債表、損益表，以及現金流量表。在編製財務報表的過程中，通常都會先有一些初步的草稿，這些草稿中的某些內容可能會在最終報表獲得全面同意時被替換掉。因此請務必確保你拿到的財務資料，是經審計後的最終版本財務報表。

你握有的資訊越多，預測就越準確；但你絕不能因此失控，畢竟太多的資訊會使模型變得過於繁瑣。一般來說，過去的歷史資料以 5 年為限，另外再加上 5 年的預測財務狀況。在取得過去的財務資料副本時，請盡量想辦法拿到 Excel 能夠讀取的格式，因為這樣可大幅減少將資料轉換至範本所需的時間。

無可避免地，你必須整理資料以使其格式和編排方式與你的模型範本一致，並解決其他的異常狀況。過去財務資料中的實際數字不會隨著模型的建立而改變，但你所取得的資料，很可能是來自一個對資料的處理偏好與優先順序與你不同的來源。而且，這些資料並不是針對你和你心中的財務模型所編製的。因此，所匯入的資料多半都充滿了各種格式與呈現方式上的異常，以致於難以，有時甚至是不可能，運用一些 Excel 工具和快速鍵。於是你就必須重新手動輸入部分甚至是全部的財務資料。

下面的螢幕截圖是埃森哲（ACCENTURE PLC）公司於 2016 年 8 月 31 日公布的資產負債表，摘錄自埃森哲的官方網站（https://www.accenture.com/_acnmedia/PDF-35/Accenture-2016-Shareholder-Letter10-K006.pdf）。這說明了即使是最完整的財務資料，也需要經過調整才能配合你的範本：

我們範本中的年份編排是以時間較早的先列出，故將資料上傳至 Excel 時，必須將這兩欄的資料交換過來。

ACCENTURE PLC
CONSOLIDATED BALANCE SHEETS
August 31, 2016 and 2015
(In thousands of U.S. dollars, except share and per share amounts)

ASSETS	August 31, 2016	August 31, 2015
CURRENT ASSETS:		
Cash and cash equivalents	$ 4,905,609	$ 4,360,766
Short-term investments	2,875	2,448
Receivables from clients, net	4,072,180	3,840,920
Unbilled services, net	2,150,219	1,884,504
Other current assets	845,339	611,436
Total current assets	11,976,222	10,700,074
NON-CURRENT ASSETS:		
Unbilled services, net	68,145	15,501
Investments	198,633	45,027
Property and equipment, net	956,542	801,884
Goodwill	3,609,437	2,929,833
Deferred contract costs	733,219	655,482
Deferred income taxes, net	2,077,312	2,089,928
Other non-current assets	989,494	964,918
Total non-current assets	8,632,782	7,502,573
TOTAL ASSETS	$ 20,609,004	$ 18,202,647
LIABILITIES AND SHAREHOLDERS' EQUITY		
CURRENT LIABILITIES:		
Current portion of long-term debt and bank borrowings	$ 2,773	$ 1,848
Accounts payable	1,280,821	1,151,464
Deferred revenues	2,364,728	2,251,617
Accrued payroll and related benefits	4,040,751	3,687,468
Accrued consumption taxes	358,359	319,350
Income taxes payable	362,963	516,827
Other accrued liabilities	468,529	562,432
Total current liabilities	8,878,924	8,491,006
NON-CURRENT LIABILITIES:		
Long-term debt	24,457	25,587
Deferred revenues	754,812	524,455
Retirement obligation	1,494,789	1,108,623
Deferred income taxes, net	111,020	91,372
Income taxes payable	850,709	996,077
Other non-current liabilities	304,917	317,956
Total non-current liabilities	3,540,704	3,064,070
COMMITMENTS AND CONTINGENCIES		
SHAREHOLDERS' EQUITY:		
Ordinary shares, par value 1.00 euros per share, 40,000 shares authorized and issued as of August 31, 2016 and August 31, 2015	57	57
Class A ordinary shares, par value $0.0000225 per share, 20,000,000,000 shares authorized, 654,202,813 and 804,757,785 shares issued as of August 31, 2016 and August 31, 2015, respectively	15	18
Class X ordinary shares, par value $0.0000225 per share, 1,000,000,000 shares authorized, 21,917,155 and 23,335,142 shares issued and outstanding as of August 31, 2016 and August 31, 2015, respectively	—	1
Restricted share units	1,004,128	1,031,203
Additional paid-in capital	2,924,729	4,516,810
Treasury shares, at cost: Ordinary, 40,000 shares as of August 31, 2016 and August 31, 2015; Class A ordinary, 33,529,739 and 178,056,462 shares as of August 31, 2016 and August 31, 2015, respectively	(2,591,907)	(11,472,400)
Retained earnings	7,879,960	13,470,008
Accumulated other comprehensive loss	(1,661,720)	(1,411,972)
Total Accenture plc shareholders' equity	7,555,262	6,133,725
Noncontrolling interests	634,114	513,846
Total shareholders' equity	8,189,376	6,647,571
TOTAL LIABILITIES AND SHAREHOLDERS' EQUITY	$ 20,609,004	$ 18,202,647

The accompanying Notes are an integral part of these Consolidated Financial Statements.

我們範本中這三個部分的資料順序為：非流動資產（Non current assets）、流動資產（Current assets）、流動負債（Current liabilities）。而且還有淨流動資產/負債（Net current assets/liabilities）的小計，因為營運資本在我們的模型中扮演了重要角色。

我們需要重新編排這些部分，以顯示非流動負債總額（Total non current liabilities）和股東資金（Shareholders funds）。

圖 2.5　埃森哲公司 2015 年和 2016 年的會計帳目

此螢幕截圖顯示出埃森哲公司 2016 年的會計帳目上傳資料，提供了 2015 與 2016 年這 2 年的數字給我們。由於我們需要 5 年份的歷史財務報表，故需再下載兩組會計帳目，亦即 2014 年 8 月 31 日的年度資料（包括 2013 年的數字）和 2012 年的資料，這樣才能取得 2012 至 2016 年的會計資料。這表示，你必須對其他兩組會計帳目重複進行所有的修正和調整作業。修改好歷史帳目的格式與呈現方式後，就該把這些過去的財務資料轉換至範本中，使最早年份的資料列在 E 欄，接著依序於後續各欄列出後四年的資料。你應該要確認對這些歷史年度資料的結餘檢查（Balance Check）結果為 TRUE，如此便可確定歷史數據都已完整且準確地匯入。此結餘檢查是一項自動檢查，會以視覺化的方式顯示資產負債表是否平衡，亦即淨資產是否等於股東資金。下面的螢幕截圖說明了結餘檢查如何顯示出資產負債表處於平衡狀態，以及在模型中的任何地方都看得到該檢查結果：

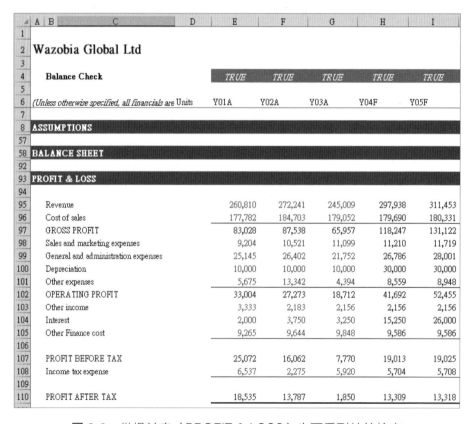

圖 2.6 　從損益表（PROFIT & LOSS）也可看到結餘檢查

第 1 至 6 列會被凍結在工作表的頂端，故不論你往下捲動到多遠的地方，這幾列都會一直保持在看得到的狀態。

2.5　預測資產負債表與損益表

為了預測財務狀況，你需要判定資產負債表和損益表的成長驅動因素為何。所謂的成長驅動因素，是指這些年來最能夠捕捉個別項目之變動趨勢的那些參數。該項目的性質和你的專業知識，將決定你會選擇哪個參數做為合適的成長驅動因素。例如以營業額的成長驅動因素來說，就可能是年增率或通貨膨脹。

你應該知道，資產負債表的成長驅動因素不像損益表那麼簡單直覺。這部分我們將於「第 6 章，瞭解專案並建立假設」中詳細介紹。

一旦算出了過去的成長驅動因素，接著你就要預測它們在未來 5 年裡的狀況。你將以與管理階層討論時做的筆記為指引，尤其是部門主管對於未來 5 年成長可能會如何表現的意見。例如，或許會以過去 5 年的歷史**複合年均成長率（CAGR）**呈現穩定的年成長。而這個 CAGR（複合年均成長率）也會在「第 6 章，瞭解專案並建立假設」中詳細解說。

待你做出預測後，就要針對第一個預測年（Y06F），將該成長驅動因素套用至前一年（Y05A，亦即過去資料中的最後一年）的實際營業額，以得出 Y06F 的預計營業額等，如下面的螢幕截圖所示：

(Unless otherwise specified, all financials are Units	Y01A	Y02A	Y03A	Y04F	Y05F	Y06F	Y0
ASSUMPTIONS							
Revenue Assumptions							
Revenue	260,810	272,241	285,009	297,938	311,453	=I11*(1+J12)	
Growth %		4%	5%	4.5%	4.5%	4.5%	
Cost of sales	177,782	184,703	179,052	179,690	180,331	180,974	

圖 2.7　營業額的增長

依此程序處理接下來的各年份、各項目，以建構資產負債表和損益表。

2.6　其他的明細表與預測

在此階段，你可能會注意到所預測年份的結餘檢查（Balance Check）目前顯示為紅色的 FALSE。這是因為我們的資產負債表和損益表尚未完成。

我們已預測了大部分項目的成長狀況，但有一些項目需要特殊的處理，例如資本支出（CapEx）、折舊（depreciation）、貸款（loans）和利息（interest）等。

資產明細表（ASSET SCHEDULE）是用來掌握不動產、廠房和機器設備等的變動趨勢。以下的螢幕截圖便顯示了完整的**資本支出**與**折舊明細表**的值：

Wazobia Global Ltd									
Balance Check		*TRUE*	*TRUE*	*TRUE*	*TRUE*	*TRUE*	*TRUE*	*TRUE*	*TRUE*
(Unless otherwise specified, all financials are Units		Y01A	Y02A	Y03A	Y04F	Y05F	Y06F	Y07F	Y08F
ASSET SCHEDULE									
Depreciation Method	SLM								
Asset Life	Years	10	10	10	10	10	10	10	10
Disposal of Assets	N Mn	-	-	-	-	-	-	-	-
Capex	N Mn	100,000	-	-	200,000	-	-	-	-
Depreciation Schedule									
Y01A		10,000	10,000	10,000	10,000	10,000	10,000	10,000	10,000
Y02A									
Y03A									
Y04F					20,000	20,000	20,000	20,000	20,000
Y05F									
Y06F									
Y07F									
Y08F									
Total Depreciation		10,000	10,000	10,000	30,000	30,000	30,000	30,000	30,000
Cost									
Opening Balance		-	100,000	100,000	100,000	300,000	300,000	300,000	300,000
Add: Capex		100,000	-	-	200,000	-	-	-	-
Less: Assets Sold/ Disposed		-	-	-	-	-	-	-	-
Closing Balance		100,000	100,000	100,000	300,000	300,000	300,000	300,000	300,000
Accumulated Depreciation									
Opening Balance		-	10,000	20,000	30,000	60,000	90,000	120,000	150,000
Add: Depreciation during current year		10,000	10,000	10,000	30,000	30,000	30,000	30,000	30,000
Closing Balance		10,000	20,000	30,000	60,000	90,000	120,000	150,000	180,000
Net Book Value		90,000	80,000	70,000	240,000	210,000	180,000	150,000	120,000

圖 2.8　資產明細表

公司在該模型期間的**資本支出**計畫會反映於此。過去的資本支出與資產處分會列在支出或銷售發生的年份下。而此明細表也會將資產的成本、使用年限，還有折舊率及折舊方法納入計算。折舊率不同的資產會被分開處理。

此明細表的最終目的地，是年末的固定資產總成本，亦即累計折舊費用。這將以 BASE 法求得。而這些結餘會記入資產負債表。然後此明細表還有另一項重要輸出，那就是記入損益表的當年度折舊總額。

負債明細表（DEBT SCHEDULE）是用來呈現有擔保和無擔保貸款的變動趨勢。在此同樣使用 *BASE* 法，我們得出了要記入資產負債表的期末結餘。而此明細表也用於計算當年度的利息費用，這會記入損益表中。以下的螢幕截圖便顯示了用於更新資產負債表與損益表的負債明細表與其他明細表：

Wazobia Global Ltd

Balance Check		TRUE	TRUE	TRUE	TRUE	TRUE	TRUE	TRUE	TRUE
(Unless otherwise specified, all financials are Units		Y01A	Y02A	Y03A	Y04F	Y05F	Y06F	Y07F	Y08F
DEBT SCHEDULE									
Unsecured Loans									
Opening		-	40,000	35,000	30,000	275,000	245,000	215,000	185,000
Additions		40,000	-	-	250,000	-	-	-	-
Repayments On 40M	8 yrs		5,000	5,000	5,000	5,000	5,000	5,000	5,000
Repayments On 250M	10 yrs					25,000	25,000	25,000	25,000
Closing	0	40,000	35,000	30,000	275,000	245,000	215,000	185,000	155,000
Interest rate		10%	10%	10%	10%	10%	10%	10%	10%
Interest		2,000	3,750	3,250	15,250	26,000	23,000	20,000	17,000
SOCIE - OTHER CALCN									
Equity									
Opening		70,000	70,000	70,000	70,000	70,000	70,000	70,000	70,000
Additions		-	-	-	-	-	-	-	-
Closing		70,000	70,000	70,000	70,000	70,000	70,000	70,000	70,000
Retained earnings									
Opening		-	18,535	32,322	34,172	47,481	60,799	84,111	117,795
Result for the year - PAT		18,535	13,787	1,850	13,309	13,318	23,312	33,684	44,449
Closing		18,535	32,322	34,172	47,481	60,799	84,111	117,795	162,244
RATIOS									

圖 2.9　負債明細表與 SOCIE

股權是以股本和尚未分配的累積準備金來表示。股本的增加，以及因當年度的損益、股息和其他分配所導致的準備金變動都將反映於此。而股本與準備金的期末結餘將記入資產負債表。

至此，針對所預測年份的損益表已填寫完成，然而結餘檢查依舊顯示為紅色的 FALSE，這表示資產負債表中還缺了某些東西。**現金**的值將取自現金流量表。

2.7　現金流量表

不同於其他項目，現金是無法預測的。現金結餘是審查期間內進行之所有交易的附帶結果。

此事實會記錄在考量現金之流入與流出的現金流量表中。而其淨結果值會被套用至期初現金結餘，以得出該期間結束時的期末現金結餘。以下螢幕截圖所顯示的便是已完成的現金流量表，最後是以將記入資產負債表的現金期末結餘（Closing Balance）做結，如圖 2.10。

當期末現金結餘被記入至資產負債表後，所預測年份的結餘檢查應該就會顯示為綠色背景的 TRUE，亦即保證至該階段為止的計算是正確的。

現金流量表是公司行號最重要的報表之一。畢竟對大多數的投資分析師來說，現金為王。

你或許會覺得奇怪，為什麼我們會需要另一個看起來就和重新編排過的資產負債表差不多的報表。別忘了，會計帳目是根據會計的應計基礎所編製而成。這表示，部分顯示於損益表中的營業額有可能尚未轉換成現金。舉例來說，在年底時，有些顧客可能還未支付以賒帳方式向你購買商品的款項。同樣地，費用也是記錄於交易發生時，即使你可能還沒真的付出該筆款項，像電費或以賒帳方式購買的商品等，多半都會延後付款。

Wazobia Global Ltd

Balance Check	TRUE	TRUE	TRUE	TRUE	TRUE	TRUE	TRUE	TRUE
(Unless otherwise specified, all financials are Units	Y01A	Y02A	Y03A	Y04F	Y05F	Y06F	Y07F	Y08F

CASH FLOW STATEMENT

Cashflow from Operating Activities								
PAT		13,787	1,850	13,309	13,318	23,312	33,684	44,449
Add: Depreciation		10,000	10,000	30,000	30,000	30,000	30,000	30,000
Add: Interest Expense		3,750	3,250	15,250	26,000	23,000	20,000	17,000
Net Change in Working Capital								
Add: Increase in Accounts payable		3,524	(223)	(1,759)	1,865	(1,758)	1,866	(1,758)
Less: Increase in Inventory		(2,462)	(3,724)	7,201	(7,331)	7,201	(7,331)	7,201
Less: Increase in Account Receivables		(10,704)	(4,333)	2,089	(5,252)	1,946	(5,402)	1,789
Net Change in Working Capital		(9,642)	(8,280)	7,532	(10,717)	7,389	(10,867)	7,232
Cashflow from Operations		**17,895**	**6,820**	**66,091**	**58,600**	**83,701**	**72,816**	**98,681**
Cashflow from Investment Activities								
Less: Capex		-	-	(200,000)				-
Add: Proceeds from Disposal of Assets								
Less: Increase in WIP								
Less: Increase in Investments		648	(6,557)	(40,000)	-	-	-	-
Cashflow from Investment Activities		**648**	**(6,557)**	**(240,000)**	**-**	**-**	**-**	**-**
Cashflow from Financing Activities								
Add: New Equity Raised								
Add: New Unsecured Loans Raised		-	-	250,000				
Less: Unsecured Loans Repaid		(5,000)	(5,000)	(5,000)	(30,000)	(30,000)	(30,000)	(30,000)
Less: Dividends Paid								
Less: Interest Expense		(3,750)	(3,250)	(15,250)	(26,000)	(23,000)	(20,000)	(17,000)
Cashflow from Financing Activities		**(8,750)**	**(8,250)**	**229,750**	**(56,000)**	**(53,000)**	**(50,000)**	**(47,000)**
Net Cashflow		**9,793**	**(7,987)**	**55,841**	**2,600**	**30,701**	**22,816**	**51,681**
Cash Balance								
Opening Balance		7,459	17,252	9,265	65,106	67,707	98,408	121,224
Net Cashflow		9,793	(7,987)	55,841	2,600	30,701	22,816	51,681
Closing Balance		**17,252**	**9,265**	**65,106**	**67,707**	**98,408**	**121,224**	**172,905**

圖 2.10　現金流量表

現金流量表的製作，就是為了從資產負債表和損益表中抽出現金的流入與流出狀況。

此報表分別呈現了營運的現金流（Cashflow from Operations）、投資活動的現金流（Cashflow from Investment Activities），以及財務活動的現金流（Cashflow from Financing Activities）。一般都會預期產生自營運的現金經常大於淨收益。若發生相反的情況，就會想瞭解為什麼在將收益轉化為現金時會有延遲。**投資活動的現金流（Cashflow from Investment Activities）** 部分呈現的是長期資產（例如長期投資、不動產、廠房和設備等）的變動趨勢。

新貸款和償還現有貸款，以及股本的變動，則是反映於**財務活動的現金流（Cashflow from Financing Activities）**部分。為了維持健康的股息政策、償還貸款，並擁有資金以便擴張，公司需要持續產生多於其所使用的更多現金。

至此，我們已完成了三大報表模型，接下來讓我們把注意力轉移到公司健康狀況的評估方面。

2.8　編製比率分析

隨著現金流量表已編製完成，我們現在有了財務報表的一組核心內容。這些財務報表，現在稱為**財務狀況表、綜合損益表**，以及**現金流量表**，連同相關的解說與明細表，會被分發給公司股東與政府。此外這些財務報表也會提供給其他利益團體，例如公司負債資本的投資者和持有人。

財務報表提供了大量關於公司及其於審查期間的成果資訊，但只憑這些資料是不足以做出決策的。比率分析能提供更深入的觀察，以瞭解數字背後的細節。下面的螢幕截圖便是一組比率分析的例子，如圖 2.11。

比率分析可藉由觀察各種會計帳目中策略性數字對之間的關係，來提供有關該公司當年度以及一段時間內之獲利能力、流動性、效率和負債管理的見解。上面螢幕截圖中的比率只是一些例子罷了。有非常多各式各樣的比率可供選擇，而不同的建模者會各有自己偏好的一組比率。

不過重要的是，你應要能夠解釋你所選擇納入的任何比率，從而為決策過程提供質化的幫助。

Balance Check	TRUE	TRUE	TRUE	TRUE	TRUE	TRUE	TRUE	TRUE
(Unless otherwise specified, all financials are Units	Y01A	Y02A	Y03A	Y04F	Y05F	Y06F	Y07F	Y08F
RATIOS								
Profitability Ratios								
EBIT Margin	10%	7%	4%	11%	14%	17%	20%	23%
PBT Margin	10%	6%	3%	6%	6%	10%	14%	18%
PAT Margin	7%	5%	1%	4%	4%	7%	10%	12%
Growth Rate								
Revenue		4%	-10%	22%	5%	5%	5%	5%
EBIT		-27%	-44%	211%	31%	25%	21%	18%
PBT		-36%	-52%	145%	0%	75%	44%	32%
PAT		-26%	-87%	619%	0%	75%	44%	32%
As % of Sales								
Cost of sales	68%	68%	73%	60%	58%	56%	53%	51%
Sales and marketing expenses	4%	4%	5%	4%	4%	4%	4%	4%
General and administration expenses	10%	10%	9%	9%	9%	9%	9%	9%
Other expenses	2%	5%	2%	3%	3%	3%	3%	3%
Liquidity Ratios								
Quick Ratio	2.3	3.0	2.9	7.0	6.7	9.6	10.2	15.0
Rate of Returns								
ROAE		14%	2%	12%	11%	16%	20%	21%
ROACE		10%	1%	5%	3%	6%	9%	12%
ROAA		9%	1%	4%	3%	5%	7%	9%
Leverage Ratios								
Debt/ Equity	51%	39%	34%	238%	191%	143%	101%	69%
Debt/ EBITDA	1.21	1.34	1.67	4.36	3.33	2.55	1.94	
Interest Coverage	13.5	5.3	3.4	2.2	1.7	2.4	3.4	4.7

圖 2.11　比率分析

2.9　評價（價值評估）

評價有如下兩種主要方式：

- **相對法**：此種方式包含下列這些評價法：

    + **比較公司評價法**：此評價法是透過查看類似企業的價值及其交易倍數，來得出一家企業的價值，例如最常見的就是使用**企業價值（EV）**和**息稅折舊攤銷前收益（EBITDA）**，以 EC 除以 EBITDA 算出倍數。

    + **先例交易法**：此方法是將欲評價的企業與同業中最近被出售或收購的其他類似企業做比較。同樣地，你也可利用倍數來推導出企業或公司的價值。

- **絕對法**：此種方式會估計公司所有未來的自由現金流，並將其折現至今日。它被稱做**現金流量折現（DCF）法**。基本上，此方式認為一間公司的價值可等同於在考慮以下因素後它可產生的現金量：

  + 自由現金流
  + 金錢的時間價值
  + 折現因子
  + 資本成本
  + 加權平均資本成本
  + 終端成長率
  + 終端價值

這些技術概念將於「第 10 章，評價（價值評估）」中進一步詳細解說。

雖然用 DCF 法為實體評出的價值通常都是最高的，但也普遍被認為是最準確的。

為了讓不同的公司評價結果具有意義，您可將它們全都標示出來，以獲得可用多種方式解釋的一系列值。

通常，如果開價低於所計算出之價值中的最低值，我們會說該公司被低估，而若開價高於所計算出之價值中的最高值，則會說該公司被高估。若是需要單一值，那麼可取所有計算出之價值的平均值。

2.10 總結

在本章中，我們逐一看過了建構財務報表所需遵循的各個步驟。我們已理解為什麼需要有系統化的做法。我們探討了各個步驟，從與管理階層討論，到計算企業的價值與公司的股份，瞭解了各步驟的目的和重要性。

在下一章中，我們將探討如何使用 Excel 的公式與函數來加快工作速度，讓建模成為一種更具價值的體驗。

PART

02

運用 Excel 的功能與函數
進行財務建模

在此篇中,你將學習一些常用於財務建模的 Excel 工具與功能。
你會獲得充足的詳盡說明,以便能有自信地開始使用這些工具與
功能。

此篇包含以下章節:

- 第 3 章,公式與函數 —— 用單一公式完成建模工作

- 第 4 章,Excel 中的參照架構

- 第 5 章,Power Query 簡介

公式與函數 ── 用單一公式 完成建模工作

CHAPTER 03

讓 Excel 不只是美輪美奐的電子計算機的首要理由之一，就是其函數與公式的運用。這項特色令 Excel 得以將許多數學任務（有些任務甚至相當複雜）結合為單一函數。

在本章中，你將學習如何使用公式，且將學到一些最廣為使用的函數。

本章將說明下列這些主題：

- 瞭解函數與公式
- 使用查找函數
- 工具函數
- 樞紐分析表與圖表
- 需要避免的陷阱
- Excel 365 版中的新函數

3.1　瞭解函數與公式

為了輸入公式或函數，你必須先輸入「=」。所謂的公式，是指包含一或多個運算子（+、-、/、* 和 ^）的陳述式，例如「=34+7」或「=A3-G5」（此公式是將儲存格 A3 的內容減去儲存格 G5 的內容）。而函數也可被納入為公式的一部分，例如「=SUM(B3:B7)*A3」，此公式會將儲存格 B3 到 B7 的內容加總起來，然後將其結果乘以儲存格 A3 的內容。

函數是一種指令，其中包含了一系列要由 Excel 執行的指示。函數會包含一或多個引數，要求使用者指定做為輸入用的儲存格或儲存格範圍，亦即執行指示的對象，例如「MATCH(A5,F4:F23,false）。

而函數也可接受包含公式的引數，例如「=IF(A4*B4>C4,D4,E4)」。

不過人們經常忽略公式與函數之間的區別，公式一詞往往被用於指稱公式或函數。

要輸入公式時，首先輸入「=」符號，然後輸入函數名稱，接著是左括弧。在建立公式的過程中，於公式文字下方會出現螢幕指引，顯示出應指定的引數。每個引數都以逗號和下一個引數分隔，當你輸入第一個引數時，由於該引數為作用中的引數，故會以粗體顯示。一旦指定好輸入用的引數後，就按逗號（,）鍵。這時會變成下一個引數以粗體強調顯示，因為現在輪到該引數處於作用中。待所有輸入用的引數都指定完成後，即可輸入右括弧，再按下 Enter 鍵來完成公式。

3.2 使用查找函數

查找函數是 Excel 中最廣為使用的函數類型之一。通常這類函數的目的，是從一個資料集（來源）中拿取一個值到另一個資料集（目標）。

讓我們先來瞭解一下正統的 Excel 資料集是什麼樣子。

資料集的第一列是表頭列，其中包含了所有欄位的名稱。就如圖 3.1 所示，該銷售報告（Sales Report）的表頭列所包含的欄位有：日期（Date）、 產品（Product）、 產品代碼（Product Code）、 銷售人員（Salesperson）…等等。此資料集中的每一個直欄都代表一個欄位，而每一橫列代表一筆記錄。資料集中不能有一整列或一整欄是空的，但在資料集下端必須有至少一整列的空列，在右端必須至少有一整欄的空欄，在上端必須有至少一整列的空列（除非資料集是從第 1 列開始），還有在左端必須至少有一整欄的空欄（除非除非資料集是從 A 欄開始）。

例如，假設你有兩個資料集：一個是銷售報告，其中包含在特定期間內各種產品的銷售資料；另一個是產品資料表（Products Database），其中包含產品名稱、代碼與單位成本。

下面的螢幕截圖便是個銷售報告的例子，其中列出了每天的銷售狀況，內容包括產品、產品代碼、銷售人員，以及其他細節資料：

Date	Product	Product Code	Salesperson	Units Sold	Unit Price	Sales	Unit Cost	Cost of Sales	Profit
2018/11/1	Desktop PC	BN001	Mobola	30	78,000	2,340,000			
2018/11/2	Desk Fan	PVC03	Iyabo	36	19,200	691,200			
2018/11/3	Printer	BN003	Dupe	27	54,000	1,458,000			
2018/11/4	Microwave	SK003	Mobola	44	32,400	1,425,600			
2018/11/6	Standing Fan	PVC02	Deji	26	21,600	561,600			
2018/11/7	Desktop PC	BN001	Deji	35	78,000	2,730,000			
2018/11/8	Cooker	SK002	Lara	42	66,000	2,772,000			
2018/11/9	Cooker	SK002	Tunde	48	66,000	3,168,000			
2018/11/10	Desk Fan	PVC03	Mobola	43	19,200	825,600			
2018/11/11	Printer	BN003	Dupe	31	54,000	1,674,000			
2018/11/13	Standing Fan	PVC02	Mobola	25	21,600	540,000			
2018/11/14	Desktop PC	BN001	Mobola	43	78,000	3,354,000			
2018/11/15	Washing Machine	SK001	Dupe	50	84,000	4,200,000			
2018/11/16	Laptop	BN002	Iyabo	36	84,000	3,024,000			
2018/11/17	Standing Fan	PVC02	Lara	33	21,600	712,800			
2018/11/18	Hoover	PVC01	Dupe	34	30,000	1,020,000			

圖 3.1 銷售報告的例子

下面的螢幕截圖則是產品資料表的例子，其中列出了各個產品的產品代碼與單位成本（Unit Cost）：

```
Products Database                    Index_Num

Product           Product Code  Unit Cost N
Washing Machine   SK001               70000
Cooker            SK002               55000
Microwave         SK003               27000
Hoover            PVC01               25000
Standing Fan      PVC02               18000
Desk Fan          PVC03               16000
Desktop PC        BN001               65000
Laptop            BN002               70000
Ptinter           BN003               45000
```

圖 3.2　產品資料表的例子

為了算出銷售報告中的銷售成本（Cost of Sales）與利潤（Profit），我們必須在單位成本（Unit Cost）欄填入對應的資料。

其單位成本值位在另一個不同的資料集中，以此例來說就是產品資料表（Products Database）。我們要利用查找函數，讓 Excel 從產品資料表拿取各個產品的單位成本值，並放進銷售報告中。

為了確保在查找時有選到正確的項目，我們必須使用具有唯一值的關鍵欄位。關鍵欄位中的項目不得出現超過一次，且兩個資料集裡都必須有該欄位存在。人可能會同名同姓，所以一般會使用員工編號做為關鍵欄位，而不使用員工姓名；同樣道理，產品名稱也可能重複，故我們要使用產品代碼（Product Code）做為關鍵欄位。

查找函數有很多個，每個都有最合適的特定使用情境。在此我們將認識其中一些較受歡迎的函數。

在我們的資料集中，銷售人員（Salesperson）欄位裡的項目有重複，因為人名重複出現於該欄位。而且銷售人員欄位也只出現在銷售報告資料集裡。產品（Product）欄位在兩個資料集裡都有，但其中的項目也有重

複，各個產品都出現不止一次。同時存在於兩個資料集，且在其中一個資料集裡具有唯一值的欄位，就是產品代碼（Product Code）欄位。

我們可使用 VLOOKUP 函數，從產品資料表拿取單位成本，並放入銷售報告中。

◉ VLOOKUP 函數

VLOOKUP 的引數如圖 3.3 所示：

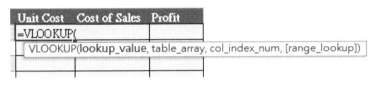

圖 3.3　VLOOKUP 函數的引數

任何以方括弧（[]）包起的都為選用引數，若未輸入該引數值，便會採用預設值。而所有其他引數都必須輸入以指定值，否則公式就會出錯。

以 VLOOKUP 函數來說，range_lookup 為選用引數。若要尋找與所查找值大約符合的資料，就要將此引數指定為「True」，但若要尋找完全符合的資料，則指定為「False」。此外 Excel 也接受以「1」代替「True」，以「0」代替「False」。若沒指定值，則該引數預設為「False」。

由於我們想取得的是單位成本，故要在各筆銷售記錄的單位成本（Unit Cost）欄位裡輸入公式。

首先從第一筆記錄，亦即第 5 列開始，輸入「＝」，然後「V」、「L」、「O」…隨著我們拼出該函數的名稱，Excel 列出的建議函數就會逐漸縮減，直到剩下我們想用的那個。當 VLOOKUP 函數被反白選取，我們就不必繼續打完所有字母，只要按 Tab 鍵或雙按反白的函數名稱，即可選取該函數。

VLOOKUP 函數的第一個引數是 lookup_value，其值應為這一列（這一筆記錄）的關鍵欄位中的值。以此例來說，這個查找值是「BN001」，位於儲存格 D5。

下面的螢幕截圖便顯示了在銷售報告資料集中選取以指定 lookup_value 引數的狀態：

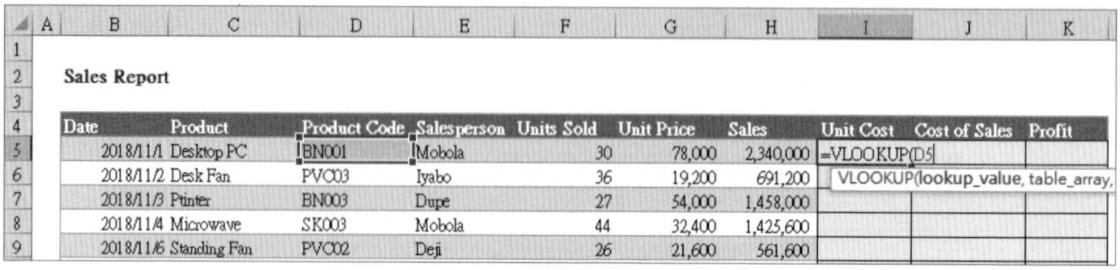

圖 3.4   VLOOKUP 的查找值

第二個引數是 table_array，這個引數應從含有我們要取得之值的來源資料集選取，以此例來說就是要從產品資料表中選取。

在選取此陣列資料時，必須從關鍵欄位開始，選取在該關鍵欄位中的所有值，然後繼續往右，結束在包含要取得之值的欄位，以此例來說就是單位成本（Unit Cost）欄位。

所以 table_array 必須從產品資料表的 C 欄開始，因為這是產品代碼（Product Code）欄位的所在處（請注意，這是產品資料表的第二欄），並結束於 D 欄。請注意，由於我們打算將此 VLOOKUP 公式複製到單位成本（Unit Cost）欄位的其他儲存格中，故我們需要按 F4 鍵在其參照的列與欄部分前加上「$」符號，使 table_array 成為絕對形式才行。以本例來說，此查找陣列便是位在產品資料表上的「$C$5:$D$13」部分。

Products Database   Index_Num

Product   Product Code Unit Cost N
Washing Machine   SK001   70000
Cooker   SK002   55000
Microwave   SK003   27000
Hoover   PVC01   25000
Standing Fan   PVC02   18000
Desk Fan   PVC03   16000
Desktop PC   BN001   65000
Laptop   BN002   70000
Ptinter   BN003   45000

圖 3.5　查找陣列

接著 Excel 就會在第一欄中找到此查找值的位置，如以下螢幕截圖所示：

	A	B	C	D	E
1					
2		Products Database		Index_Num	
3					
4		Product	Product Code	Unit Cost N	
5		Washing Machine	SK001	70000	
6		Cooker	SK002	55000	
7		Microwave	SK003	27000	
8		Hoover	PVC01	25000	
9		Standing Fan	PVC02	18000	
10		Desk Fan	PVC03	16000	
11		Desktop PC	BN001	65000	
12		Laptop	BN002	70000	
13		Ptinter	BN003	45000	
14					

圖 3.6　查找值的所在位置

在上圖中，我們可在產品代碼（Product Code）欄位看到，代碼 BN001 的產品位於產品資料表（Products Database）的第 11 列。

然後下一個引數是 col_index_num（欄索引編號）值，應指向 table_array 中來源欄位的位置，從關鍵欄位起算為第一欄。這裡所謂的來源欄位，

就是我們要取得之資料的所在欄位。以本例來說，來源欄位是單位成本
（Unit Cost），為 D 欄，也就是查找陣列的第二欄。所以這個 col_index_
num 引數應指定為「2」。

如此一來，我們就確認了 D 欄第 11 列為來源儲存格。接下來 Excel 便會
從儲存格 D11 取得資料（65000），並放入在銷售報告資料集中的目標儲
存格：

▲	A	B	C	D	E
1					
2		Products Database		Index_Num	
3					
4		Product	Product Code	Unit Cost N	
5		Washing Machine	SK001	70000	
6		Cooker	SK002	55000	
7		Microwave	SK003	27000	
8		Hoover	PVC01	25000	
9		Standing Fan	PVC02	18000	
10		Desk Fan	PVC03	16000	
11		Desktop PC	BN001	65000	
12		Laptop	BN002	70000	
13		Ptinter	BN003	45000	
14					

圖 3.7　確認查找值

一旦完成公式，並成功取得銷售報告資料集中第一筆記錄的單位成本值，
接著就可針對銷售報告資料集中的其他記錄，將公式沿著該欄往下複製。

待取得所有記錄的單位成本值之後，就能夠計算銷售成本（Cost of
Sales）與利潤（Profit）了。

◉ INDEX 與 MATCH 函數

VLOOKUP 函數的主要限制在於，選取陣列資料時必須從包含關鍵欄位
的欄開始，而來源欄位一定要位於其右側。換言之，若來源資料集在一開
始建構時是將來源欄位放在關鍵欄位的左側，以本例來說，就是若產品資
料表中的單位成本（Unit Cost）位於產品代碼（Product Code）的左側的

話,那我們就必須先重新編排該資料集,否則便無法使用 VLOOKUP 函數,但改資料集這種事不見得總是可能或可行。

這時,能夠替代 VLOOKUP,不需重新編排資料集便可以查找左側也可以查找右側的做法,就是結合 INDEX 與 MATCH 函數的做法。

其中的主要的函數 INDEX,具有引數可指定來源儲存格的列與欄。

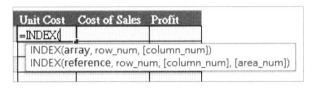

圖 3.8　INDEX 函數的引數

一般來說,資料集的欄(欄位)都不多,而記錄的列數則往往可多達數千甚至數萬以上。因此欄通常可以很快就確定,但難的是要找出相關的列。

這時 MATCH 函數就派上用場了。

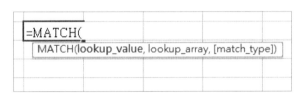

圖 3.9　MATCH 函數的引數

MATCH 函數的引數與 VLOOKUP 的引數類似。兩者都有 lookup_value 引數,而 MATCH 的 lookup_array 引數就相當於 VLOOKUP 的陣列資料(table_array)。但 MATCH 函數沒有 column_index_num 引數,因為其重點在於找出列。所以對 lookup_array 中第一欄的限制就不適用於 MATCH 函數了。還有最後的 match_type 引數相當於 VLOOKUP 的 range_lookup。

接著就讓我們使用 INDEX 和 MATCH 來執行同樣的單位成本查找處理。

先從主要的函數 INDEX 開始著手。其第一個引數是陣列 / 參照。如果將索引陣列 / 參照限制為一欄，就等於已經有效指出來源儲存格的所在欄。在本例中，由於單位成本（Unit Cost）是能夠找到 lookup_value 的關鍵欄位，故我們選取了儲存格 D5 至 D13 做為參照：

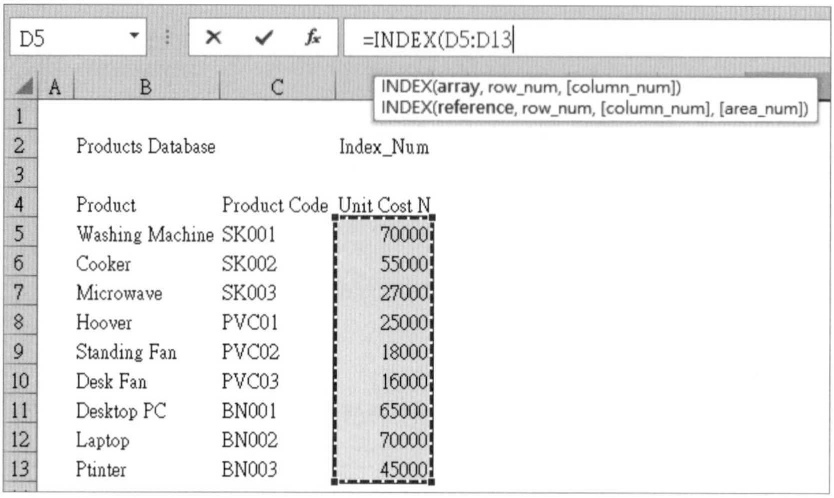

圖 3.10 單欄索引陣列

下一個引數是 row_num。我們必須在目前仍作用中的 INDEX 函數中嵌入 MATCH 函數，以替代這個列引數。做法就是在輸入逗號後，直接接著輸入 MATCH 函數。只要還未輸入函數最後的右括弧，Excel 便會認為該公式還在建構、作用中，故不需再次輸入「＝」。MATCH 函數的第一個引數是 lookup_value，亦即我們要在查找陣列中尋找的值。而以此例來說，查找陣列的位置並無限制。我們使用和 VLOOKUP 的例子中一樣的查找值，也就是位於銷售報告資料集的儲存格 D5 的 BN001。

同樣地，如以下螢幕截圖所示，我們可將查找陣列限制為單一欄。在此例中，我們知道符合查找值的資料位於產品資料表中 C 欄的產品代碼（Product Code）欄位下。因此我們選取儲存格 C5 至 C13 做為查找陣列：

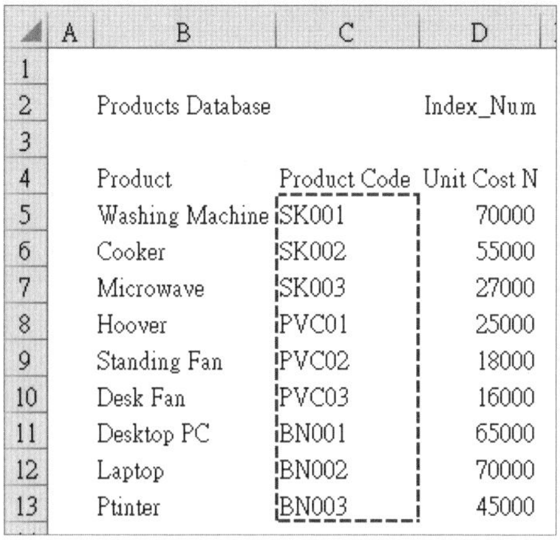

	A	B	C	D
1				
2		Products Database		Index_Num
3				
4		Product	Product Code	Unit Cost N
5		Washing Machine	SK001	70000
6		Cooker	SK002	55000
7		Microwave	SK003	27000
8		Hoover	PVC01	25000
9		Standing Fan	PVC02	18000
10		Desk Fan	PVC03	16000
11		Desktop PC	BN001	65000
12		Laptop	BN002	70000
13		Ptinter	BN003	45000

圖 3.11　單欄的 MATCH 查找陣列

請注意，MATCH 函數的查找陣列必須和 INDEX 函數的參照從工作表的同一列開始，並包含相同數量的列。以本例來說，這兩者都始於工作表的第 5 列，並結束於第 13 列。最後再指定 match_type 引數，即完成 MATCH 函數，而這個引數就類似於 VLOOKUP 函數中的 range_lookup 引數。若是要大約符合的話，小於或等於查找值設為「1」，大於或等於查找值設為「-1」，若是要完全符合的話，則設為「0」。想確認查找值是否落在某個範圍內時，大約符合就很有意義，例如，考試分數在 60 到 75 分之間的將被視為 C 級。

MATCH 函數會在查找陣列中找到查找值後，傳回一個對應於該值所在之列位置的整數值，而這個整數值並不等於工作表的列編號。

在本例中，MATCH 函數將傳回數字 7，因為 Excel 是在查找陣列中的第 7 列（工作表的第 11 列）找到查找值 BN001。

當我們輸入右括弧完成 MATCH 函數，Excel 就會帶我們回到 INDEX 函數。

再下一個引數是 column_num。由於我們已將參照限制為單一欄，已經確定了欄編號，故可忽略此引數。最後的引數 area_num 是用於更複雜的情

況，也就是在列與欄之後再帶進第三個維度，例如具有相同欄位配置的多個資料表。同樣地，我們也可忽略此引數，因為我們不會使用它。

確認為工作表的 D 欄第 11 列後，我們就有了來源儲存格 D11，會傳回其中的值「65000」。你會發現這種結合 INDEX 與 MATCH 函數的做法能克服 VLOOKUP 函數的限制（唯一欄位必須是查找陣列中的第一欄，而且只能查找位於該欄位右側的值）。

讓我們來回顧一下重點：在單純的查找情境中，INDEX 函數是用於確定欄，而 MATCH 函數則用於找出列，兩者搭配使用就能提供我們想取得的值的位置。

因此，即使是在 VLOOKUP 能做到的情況下，很多使用者仍偏好使用 INDEX 搭配 MATCH。不過害怕 INDEX 與 MATCH 函數組合的人，則往往會堅持使用 VLOOKUP，他們寧可改變資料欄的順序來配合 VLOOKUP 函數。其實只要情況允許，這麼做也沒什麼不對。

◉ CHOOSE 函數

CHOOSE 可建立值的清單或是要執行之操作的清單，然後藉由選擇清單中對應於值或操作之位置的編號，來選擇要使用哪個值或是要執行哪項操作。CHOOSE 的語法（如以下螢幕截圖所示）包含兩個引數：第一個是 index_num，然後是值的清單或操作動作的清單（value1、value2 等）。

此螢幕截圖顯示了 CHOOSE 函數的引數：

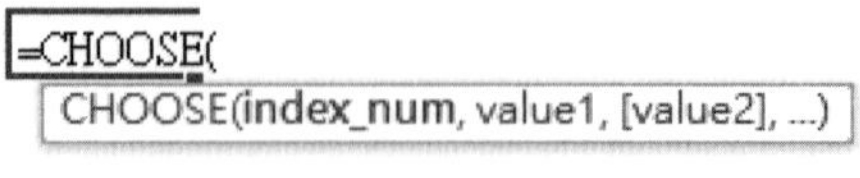

圖 3.12　CHOOSE 函數的語法

讓我們來思考一個例子,假設我們要比較兩種找出營業額成長驅動因素的方法,而成長驅動因素將套用至未來 5 年份的預測上。一種方法可能是採用過去 5 年實際成果的平均值,而另一種方法或許是直接採用可得的最新實際成果。在此我們將使用如下圖 3.13 中的資料集:

	A	B	C	D	E	F	G	H	I	J	K	L	M	N
1														
2				Units	Y01A	Y02A	Y03A	Y04A	Y05A	Y06F	Y07F	Y08F	Y09F	Y10F
3														
4		Revenue			260,810	272,241	285,009	297,938	311,453					
5														
6														

圖 3.13 用於 CHOOSE 函數的資料集

在此資料集中,最新的實際成果是 Y05A 那一年的值。

就如前述,我們要比較兩種方法,所以 CHOOSE 函數的第一個引數 index_num 會是 1 或 2。在此,1 表示使用第 1 種方法,平均值,而 2 表示使用第 2 種方法,可得的最新實際成果。

我們現在需要找個辦法在 1 和 2 之間切換。有個簡單有效的方法是使用「資料驗證」功能。

圖 3.14 用於 CHOOSE 函數的資料集

你可在「資料」功能區的「資料工具」群組中找到「資料驗證」功能。一旦選取該功能，就會彈出如下的對話方塊：

圖 3.15　「資料驗證」對話方塊

從「儲存格內允許」下的下拉式選單選擇「清單」，然後在「來源」方塊輸入「1, 2」，再按「確定」鈕關閉對話方塊。針對 CHOOSE 函數的準備工作至此完成。現在選取儲存格 J4 到 N4。由於我們要在這些儲存格中輸入同樣的公式，所以比較快的方式是一次選取該範圍的所有儲存格，輸入公式一次，然後按 Ctrl + Enter 鍵即完成。

SUM			✕ ✓ fx	=CHOOSE($B$7,AVERAGE($E$4:$I$4),$I$4)									
	A	B	C	D	E	F	G	H	I	J	K	L	M	N
1														
2				Units	Y01A	Y02A	Y03A	Y04A	Y05A	Y06F	Y07F	Y08F	Y09F	Y10F
3														
4		Revenue			260,810	272,241	285,009	297,938	311,453	=CHOOSE($B$7,AVERAGE($E$4:$I$4),$I$4)				285,490
5														
6														
7			1											
8														

圖 3.16　用於營業額的 CHOOSE 函數

要指定給 index_num 引數的儲存格是套用了「資料驗證」功能的那個儲存格，我們將在 1 和 2 之間切換其值。接著再輸入對應於這兩個選擇的公式或參照做為引數 value1 與 value2。如圖 3.16 所示，value1 是過去 5 年成果的平均值，value2 則是儲存格 I4 的值。

由於我們要實際將公式複製到選取範圍內的所有其他儲存格，故必須使參照成為絕對形式。現在按下 Ctrl + Enter 鍵：

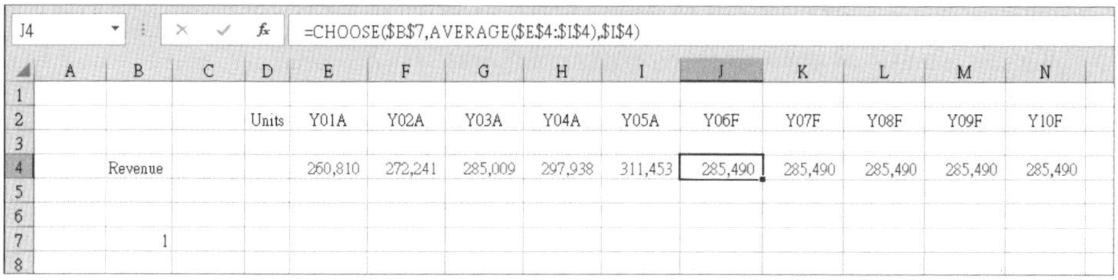

圖 3.17 CHOOSE 函數使用第 1 種方法的結果

請注意看資料編輯列中的公式。第 1 種方法的結果為「285490」。

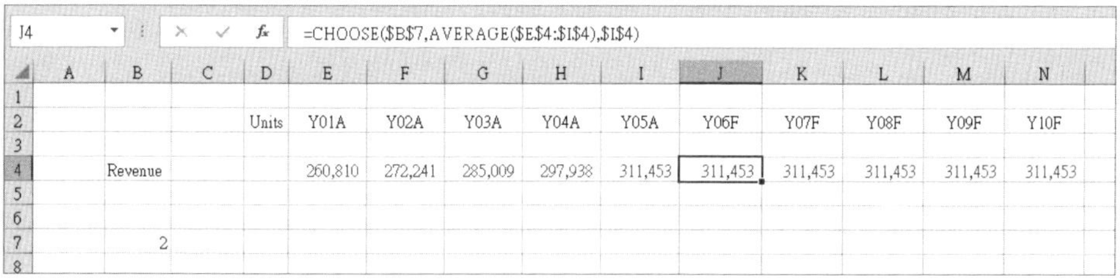

圖 3.18 CHOOSE 函數使用第 2 種方法的結果

你會注意到資料編輯列中的 CHOOSE 函數並未改變，我們只有把儲存格 B7 的值從 1 切換到 2 而已。第 2 種方法的結果為「311,453」。

接下來你應該會想看看更大範圍的應用，以瞭解我們的選擇會如何影響模型裡的最終值。

3.3　工具函數

工具類型的函數可以單獨使用。不過在嵌入於其他更複雜的函數中時，更能突顯出價值。例如藉由提供對更多條件或變數的存取，工具函數能擴展所在函數的範圍與功能。

常見的一些工具函數包括 IF、AND、OR、MAX、MIN 及 MATCH 等，而接著我們就要來認識其中的幾個。

◉ IF 函數

這是 Excel 中最廣為使用的函數之一。它可獨立使用，也可做為其他公式的一部分來使用。IF 函數會檢查某個條件是否成立，然後在該條件成立時傳回某個值，並在該條件不成立時傳回另一個值。其語法包含三個引數：

- logical_test：此邏輯測試是一段陳述，這段陳述會在條件成立時傳回 true（真），在條件不成立時傳回 false（偽）。

- value_if_true：此引數可指定當條件成立，亦即當邏輯測試的結果為 true 時，要傳回什麼值。

- value_if_false：此引數可指定當條件不成立，亦即當邏輯測試的結果為 false 時，要傳回什麼值。

假設你想在利潤（Profit）超過 300,000 時，提供銷售額的 2% 做為分紅來獎勵你的銷售人員。這時你就可編寫 IF 公式來自動計算分紅，而其邏輯測試便是「利潤大於 300,000」的陳述。在下面的例子中，對第一筆記錄來說，這個陳述為「K5>K2」。而此陳述不是 true（真），就是 false（偽）。若結果為 true，要傳回的值就是「銷售額（Sales）× 銷售分紅（Bonus on Sales，即 2%）」。在此例中，這是 H5*H2。但若結果是 false，那麼要傳回的值便是「0」。這個 IF 公式如以下螢幕截圖所示：

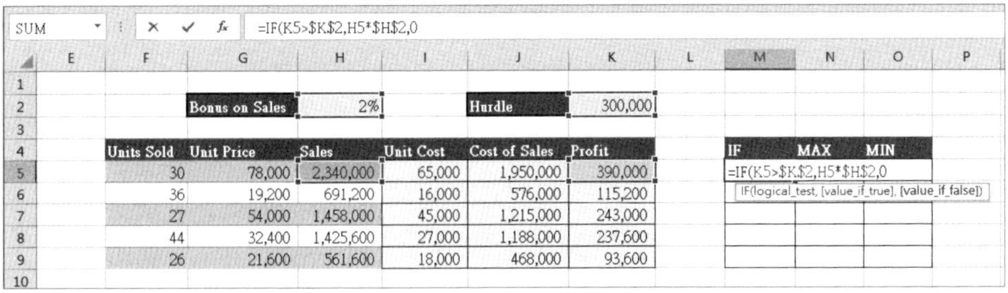

圖 **3.19** IF 函數的例子

這個簡單的函數經常結合更複雜的函數一起運用。

◉ MAX 與 MIN 函數

這兩個函數可分別從一系列的值之中,選出最大值(MAX)或最小值(MIN)。只要發揮一點想像力,你就能非常有效地運用 MAX 與 MIN 公式。

例如,財務模型中的現金結餘(Cash Balance)有可能是正的也可能是負的。正的結餘會被記入至資產負債表資產端的庫存現金(Cash In Hand)中,而負的結餘則會顯示為流動負債下的透支(Overdraft)。若是直接將庫存現金或透支與現金結餘建立關聯,那麼有可能導致負的結餘顯示為庫存現金,或是正的結餘顯示為透支。

有個辦法能解決這問題,就是使用 MAX 和 MIN 函數,如以下螢幕截圖所示:

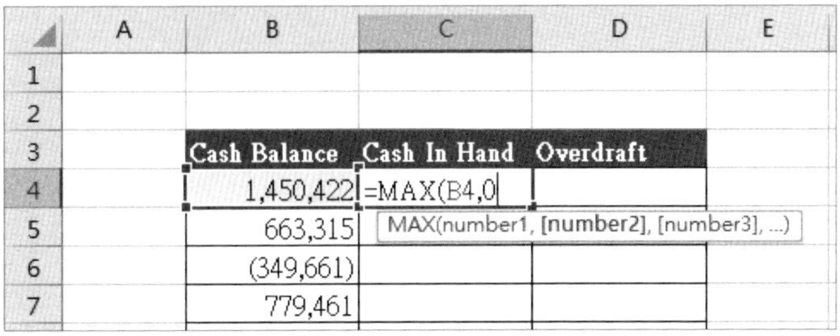

圖 **3.20** MAX 函數

在上面的螢幕截圖中，我們要求 MAX 函數顯示現金結餘（Cash Balance）和 0 之中較大的那個值。正的現金結餘永遠大於 0，因此會顯示為庫存現金（Cash In Hand）。而當現金結餘為負值時，由於負值永遠小於 0，故庫存現金便會顯示「0」。

以下螢幕截圖所顯示的則是 MIN 函數：

	A	B	C	D	E	F
1						
2						
3		Cash Balance	Cash In Hand	Overdraft		
4		1,450,422	1,450,422	=MIN(B4,0		
5		663,315	663,315	MIN(number1, [number2], [number3], ...)		
6		(349,661)	-			
7		779,461	779,461			
8		(393,443)	-			
9		717,832	717,832			
10		15,107	15,107			
11		(418,702)	-			

圖 3.21 MIN 函數

在此例中，我們利用 MIN 函數來確保只有負的現金結餘會顯示為透支（Overdraft），因為負的現金結餘永遠都小於 0。

而藉由複製這些公式，現金結餘（Cash Balance）便能夠恰當且精準地被分類為庫存現金（Cash In Hand）及透支（Overdraft），如以下螢幕截圖所示，其中呈現了套用 MAX 和 MIN 函數後的完整結果：

◢	A	B	C	D
1				
2				
3		**Cash Balance**	**Cash In Hand**	**Overdraft**
4		1,450,422	1,450,422	-
5		663,315	663,315	-
6		(349,661)	-	(349,661)
7		779,461	779,461	-
8		(393,443)	-	(393,443)
9		717,832	717,832	-
10		15,107	15,107	-
11		(418,702)	-	(418,702)
12		49,887	49,887	-
13		86,528	86,528	-
14		868,678	868,678	-
15		(319,840)	-	(319,840)
16		8,606	8,606	-
17		754,551	754,551	-
18		784,338	784,338	-
19		681,504	681,504	-
20				

圖 3.22 MAX 與 MIN 函數

上圖顯示了套用 MAX 與 MIN 函數後的結果清單。

3.4 樞紐分析表與圖表

樞紐分析表是 Excel 裡最強大的工具之一。不論是少量還是大量資料，樞紐分析表都能夠匯總成一種精簡的形式，以揭露從原始資料難以看出的趨勢與關係。

樞紐分析表可設定基於原始資料的條件，以方便我們從不同的角度來檢視匯總後的資料。這些它都自動一手包辦，不需要我們手動輸入任何公式。大多數使用者對樞紐分析報表的印象都是複雜而難以編製，但其實它的複

雜性都藏在幕後，由 Excel 負責處理。我們只需要遵循一些簡單的準則，便能輕鬆產生出複雜的樞紐分析表。

首先，第一步是要確保資料採用了正確的 Excel 表格格式，別忘了你可能必須使用別人準備的資料。

Excel 的識別功能與導覽快速鍵倚賴表格的正確格式，而大部分的操作都需要指定目標範圍。Excel 能夠正確識別所需範圍並分離欄位表頭，但前提是資料有採用正確的表格格式，如以下螢幕截圖所示：

正確的日期格式　　　　　　　　　　　　　　　　　　　周圍有空的列 / 欄

欄位表頭

Date	Product	Product Code	Salesperson	Units Sold	Unit Price	Sales
2018/11/1	Desktop PC	BN001	Mobola	30	78,000	2,340,000
2018/11/2	Desk Fan	PVC03	Iyabo	36	19,200	691,200
2018/11/3	Ptinter	BN003	Dupe	27	54,000	1,458,000
2018/11/4	Microwave	SK003	Mobola	44	32,400	1,425,600
2018/11/6	Standing Fan	PVC02	Deji	26	21,600	561,600
2018/11/7	Desktop PC	BN001	Deji	35	78,000	2,730,000
2018/11/8	Cooker	SK002	Lara	42	66,000	2,772,000
2018/11/9	Cooker	SK002	Tunde	48	66,000	3,168,000
2018/11/10	Desk Fan	PVC03	Mobola	43	19,200	825,600
2018/11/11	Ptinter	BN003	Dupe	31	54,000	1,674,000
2018/11/13	Standing Fan	PVC02	Mobola	25	21,600	540,000
2018/11/14	Desktop PC	BN001	Mobola	43	78,000	3,354,000
2018/11/15	Washing Machine	SK001	Dupe	50	84,000	4,200,000
2018/11/16	Laptop	BN002	Iyabo	36	84,000	3,024,000
2018/11/17	Standing Fan	PVC02	Lara	33	21,600	712,800
2018/11/18	Hoover	PVC01	Dupe	34	30,000	1,020,000

沒有空的儲存格

圖 3.23　正確的 Excel 資料集配置

在資料庫的專門用語中，資料表的每一欄都代表一個欄位，而每一列（除第一列外）代表一筆記錄。資料表的第一列應包含欄位表頭。資料表中不應有空的儲存格，也不該有重複的記錄。

Excel 在偵測資料類型，以及處理不同的日期格式（包括 2019/01/15、15-Jan-19、15-01-2019、01-15-2019 和 2019-01-15…等等，會隨地區設定而有所不同）方面非常有效率。但 Excel 非常敏感，資料中的任何輕微異常

都可能導致奇怪的結果。舉例來說，若你在無意間於日期前輸入了一個空格，如以下左側的螢幕截圖所示，Excel 就會將之視為「通用格式」資料類型。

而以下右側螢幕截圖顯示的則是前方無空格的相同文字，Excel 就能將之正確識別為日期，並自動為該儲存格指定「日期」格式：

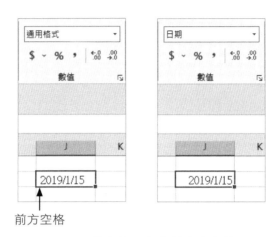

前方空格

圖 3.24　儲存格內容的前方有空格

之所以如此詳細地解釋這點，主要是因為樞紐分析表與日期和其他資料類型有特殊的關係。當資料表中包含日期欄位時，樞紐分析表便會識別該日期資料，並讓你將日期群組為日、月、季和年。可是，只要任何一個日期欄位的儲存格有些許異常（就像前面的例子那樣），樞紐分析表就會無法將之識別為日期，於是群組選項就無法使用。一旦資料都清理乾淨且準備妥當後，你就可以建立樞紐分析表。確認已將游標放入資料表的任一儲存格內，再按一下「插入」功能區下「表格」群組中的「樞紐分析表」，「來自表格或範圍的樞紐分析表」對話方塊便會彈出。或者你也可利用鍵盤快速鍵，依序按下「Alt、N、V、T」，而非同時按下。Excel 會要求你選取來源資料的範圍，並指定樞紐分析報表的產生位置。只要是恰當、正確的資料集，Excel 通常都能聰明地替樞紐分析表猜出正確的來源資料範圍，但若它沒猜對，你可以手動選取所需範圍。

Excel 預設會在新的工作表上建立樞紐分析表。同樣地，你也可以指定要將樞紐分析表建立在目前的工作表或其他工作表上的某個位置，而不要採用預設位置。必須注意的是，如果選擇將樞紐分析表配置於來源資料所在的工作表上，有可能會導致檢視或瀏覽上的困難：

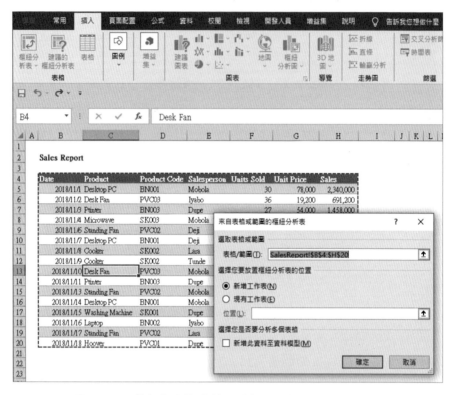

圖 3.25　「來自表格或範圍的樞紐分析表」對話方塊

這時按下「確定」紐，Excel 就會建立出樞紐分析表。一開始，只有資料表中的所有欄位名稱會被填入至欄位清單，該清單呈垂直排列，且每個項目旁都有核取方塊。接著在下方又有四個標題分別為「篩選」、「欄」、「列」、「值」的方塊。請依需要將各個欄位名稱分別拖曳至各方塊，以建立樞紐分析表。

在建立樞紐分析表前先試著想像一下其配置方式會很有幫助。「值」方塊最適合數值欄位，所以我們把「銷售額（Sales）」欄位拖曳至此方塊，於

是樞紐分析表便會更新為以下螢幕截圖的樣子，顯示出「值」欄位在樞紐
分析表中的呈現方式：

圖 3.26 樞紐分析表顯示出銷售額（Sales）的加總結果

由於我們沒還沒指定條件，因此 Excel 就只是簡單地加總「值」欄位，並
稱之為「加總 - Sales」。你可能會想針對各項產品，顯示出各個銷售人員
的銷售額，如以下螢幕截圖所示：

列標籤 ▼	加總 - Sales
⊟Cooker	5940000
Lara	2772000
Tunde	3168000
⊟Desk Fan	1516800
Iyabo	691200
Mobola	825600
⊟Desktop PC	8424000
Deji	2730000
Mobola	5694000
⊟Hoover	1020000
Dupe	1020000
⊟Laptop	3024000
Iyabo	3024000
⊟Microwave	1425600
Mobola	1425600
⊟Ptinter	3132000
Dupe	3132000
⊟Standing Fan	1814400
Deji	561600
Lara	712800
Mobola	540000
⊟Washing Machine	4200000
Dupe	4200000
總計	30496800

圖 3.27 樞紐分析表針對各項產品，顯示出各個銷售人員的銷售額

而上面那張螢幕截圖的欄位清單如下圖所示：

圖 3.28 樞紐分析表欄位清單的下半部

或者，你可能會想針對各個銷售人員，顯示出各項產品的銷售額，如以下螢幕截圖所示：

列標籤	加總 - Sales
⊟Deji	3291600
Desktop PC	2730000
Standing Fan	561600
⊟Dupe	8352000
Hoover	1020000
Ptinter	3132000
Washing Machine	4200000
⊟Iyabo	3715200
Desk Fan	691200
Laptop	3024000
⊟Lara	3484800
Cooker	2772000
Standing Fan	712800
⊟Mobola	8485200
Desk Fan	825600
Desktop PC	5694000
Microwave	1425600
Standing Fan	540000
⊟Tunde	3168000
Cooker	3168000
總計	30496800

圖 3.29 樞紐分析表針對各個銷售人員，顯示出各項產品的銷售額

請注意這時在「列」方塊中，產品（Product）和銷售人員（Salesperson）欄位的順序和剛剛是相反的，如以下螢幕截圖所示：

圖 3.30 樞紐分析表欄位清單的下半部

而藉由讓產品水平並列，還可呈現出另一種配置方式。只要將產品（Product）欄位拖曳至「欄」方塊（而非「列」方塊），即可形成這樣的配置：

列標籤	Cooker	Desk Fan	Desktop PC	Hoover	Laptop	Microwave	Ptinter	Standing Fan	Washing Machine	總計
Deji			2730000					561600		3291600
Dupe				1020000			3132000		4200000	8352000
Iyabo		691200			3024000					3715200
Lara	2772000							712800		3484800
Mobola		825600	5694000			1425600		540000		8485200
Tunde	3168000									3168000
總計	5940000	1516800	8424000	1020000	3024000	1425600	3132000	1814400	4200000	30496800

圖 3.31 樞紐分析表針對各個銷售人員，於不同欄（而非列）顯示出各項產品的銷售額

這時的欄位清單設定如下：

圖 3.32 樞紐分析表欄位清單的下半部

此外我們也可以依產品別來顯示銷售額，並提供以銷售人員（Salesperson）為篩選條件的篩選器：

圖 3.33 樞紐分析表提供以銷售人員（Salesperson）為篩選條件的篩選器

這時的欄位清單設定如下：

圖 **3.34** 樞紐分析表的欄位清單設定

按下「Salesperson（全部）」篩選器旁的下拉式選單箭頭，便可指定顯示任一位、任幾位或全部銷售人員的銷售額。

除了顯示銷售總額外，也可顯示銷售額佔總銷售額或平均銷售額的百分比。這樣就能看出某項產品或某位銷售人員對整體銷售的貢獻。

下面的螢幕截圖（左側）便顯示了各產品的銷售總額，以及佔總銷售額的百分比。為了達成這樣的顯示方式，請把銷售額（Sales）欄位再次拖曳到「值」方塊，使之出現兩次。然後在第二個「加總 - Sales」欄上按滑鼠右鍵，於彈出的選單中選取「值的顯示方式」下的「總計百分比」。如此便可如以下螢幕截圖（左側），顯示出產品銷售總額與佔總銷售額的百分比：

▲	A	B	C	D	E	F	G	H
1								
2								
3	列標籤 ▼	加總 - Sales	百分比		列標籤 ▼	加總 - Sales	百分比	
4	Cooker	5940000	19.48%		Deji	3291600	10.79%	
5	Desk Fan	1516800	4.97%		Dupe	8352000	27.39%	
6	Desktop PC	8424000	27.62%		Iyabo	3715200	12.18%	
7	Hoover	1020000	3.34%		Lara	3484800	11.43%	
8	Laptop	3024000	9.92%		Mobola	8485200	27.82%	
9	Microwave	1425600	4.67%		Tunde	3168000	10.39%	
10	Ptinter	3132000	10.27%		總計	30496800	100.00%	
11	Standing Fan	1814400	5.95%					
12	Washing Machine	4200000	13.77%					
13	總計	30496800	100.00%					
14								

圖 3.35　由同一資料來源建立成的兩個樞紐分析表

上面的螢幕截圖（右側）依據銷售人員別顯示出了銷售總額，以及佔總銷售額的百分比。這其實是使用相同範圍的資料所建立的另一個樞紐分析表，這個樞紐分析表被指定建立於同一工作表中以儲存格 E3 為左上角的位置。「值的顯示方式」選單下有許多選項，這些選項說明了樞紐分析表的靈活性。若你在嘗試其中的各個選項時弄亂了樞紐分析表，只要拋棄它再重新建立一個就行了。

而重新建立時，希望你已從錯誤中吸取教訓，並讓你建立與處理樞紐分析表的經驗提升一個層次。有時，在圖表的支援下，人們對報告的理解程度會更高、更好。若要建立樞紐分析圖，請選取樞紐分析表，然後從「樞紐分析表工具」的「樞紐分析表分析」功能區中點選「樞紐分析圖」。

這時會顯示出多種圖表類型供你選擇。請選擇其中一種，然後該樞紐分析圖就會出現在樞紐分析表旁：

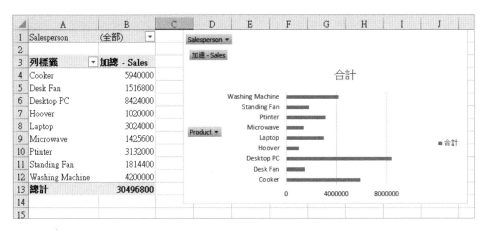

圖 3.36 樞紐分析表與樞紐分析圖

該圖表是動態的,故若你篩選分析表以反映篩選結果,例如以「Iyabo」這位銷售人員來篩選資料,圖表便會自動隨之更新,以反映出這位 Iyabo 的銷售成績。下面這張螢幕截圖中的樞紐分析表與樞紐分析圖,就是經過篩選只顯示 Iyabo 之銷售成績的結果:

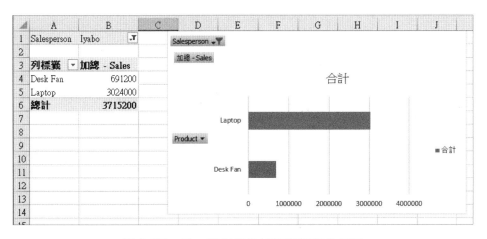

圖 3.37 另一組樞紐分析表與樞紐分析圖

當你越來越常使用樞紐分析表,就會開始偏好特定的配置風格。而每次載入樞紐分析表都必須將配置改成自己偏好的形式,會讓人覺得有些麻煩。

不過 Excel 365 現在已有個功能可解決此問題。

3.5　需要避免的陷阱

在建構公式時，往往容易失控，很快地，公式就變得非常複雜難懂。然而公式應以保持精簡為佳，它們要簡單，且方便第三方遵循。若有必要，建議你將公式分解成兩個以上的部分，讓它在保有原本的效果的同時，變得更容易遵循。

或者你可利用 Alt + Enter 鍵來強迫公式換行。這種換行方式不會影響公式的執行結果，但能讓公式顯得更清楚易懂。以下面這個例子來說：

```
=INDEX(C5:G10,MATCH(J20,C5:C10,0),MATCH(K19,C5:G5,0))
```

我們可利用 Alt + Enter 鍵，將這個複雜的公式分解成如下的三個部分：

```
=INDEX(C5:G10,
MATCH(J20,C5:C10,0),
MATCH(K19,C5:G5,0))
```

這樣一來，該公式依舊存在於同樣的儲存格中，但會顯示為 3 行。正如我們所見，這會讓它變得更容易理解。

◉ 保護工作表

若你要將模型分享給別人，那麼保護公式免於被意外改動就非常重要，畢竟公式一旦出錯就可能導致模型失效。為此，首先請選取你想要改動的不含公式的儲存格，然後按下 Ctrl + 1 鍵開啟「設定儲存格格式」對話方塊，切換至「保護」索引標籤，取消「鎖定」項目（不勾選）後，按「確定」鈕。這樣就能替可能被修改的儲存格解鎖。

接著到「校閱」功能區，點選其中的「保護工作表」，「保護工作表」對話方塊便會彈出。輸入在需要取消保護時使用的密碼，然後按「確定」鈕。如此一來，含有公式的儲存格就會受到保護，只能檢視但無法修改。對於任何的特定值，你都只應輸入一次。如果需要在其他位置輸入同樣的

值，只要參照你第一次輸入的那個原始儲存格就好。任何後續需要出現該相同值之處，也都應該要參照最原始的儲存格，而不要參照任何後續包含相同值的儲存格。

舉例來說，假設利率值 15% 最早是輸入於工作表 1 的儲存格 B5。如果工作表 2 的儲存格 D16 需要利率值的話，請勿再次輸入 15%，而是應該要輸入「=」後指定工作表 1 與儲存格 B5，以參照至工作表 1 的儲存格 B5。當接下來該利率又要出現在工作表 3 的儲存格 J13 時，理論上你可以參照工作表 2 的儲存格 D16。但為了維持單純的稽核軌跡，你還是應參照該值的最原始位置，亦即工作表 1 的儲存格 B5。每列盡可能只使用一個公式。

運用你的相對、絕對及混合的儲存格參照知識來建構公式，試著將之輸入於單一儲存格，然後再將該公式複製或填入至其他年份。

你輸入公式的次數越少，犯錯的機率就越低。

3.6 Excel 365 版中的新函數

透過為 Excel 365 版引進多個革命性的函數，微軟已將一系列公式帶進了更主流的運用。

自本章起，我們將在書中解說這些新函數，首先是 XLOOKUP。

⊙ XLOOKUP

這個強大的新函數結合了 VLOOKUP、HLOOKUP、INDEX 與 MATCH 的功能，並以一種更簡化的方式實行，同時還引進了更多選項。

XLOOKUP 具有六個引數，其中三個為必要，三個為選用。不過這並不會讓它變得更困難或更複雜。就像你將看到的，其應用相當簡單。

下面的螢幕截圖顯示了 XLOOKUP 的六個引數：

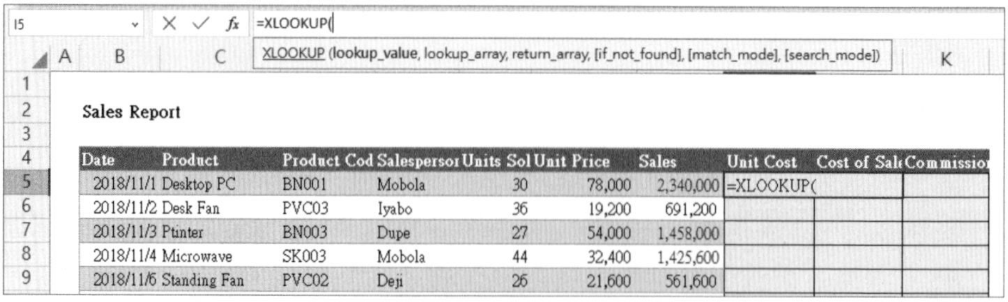

圖 3.38　顯示了 XLOOKUP 完整語法的例子

使用和先前解說 VLOOKUP 函數時一樣的例子，在此 XLOOKUP 的第一個引數 lookup_value，也一樣是儲存格 D5 中的「BN001」。

不過到了第二個引數 lookup_array 就會開始看到差異。

下面的螢幕截圖便顯示了 lookup_array 引數：

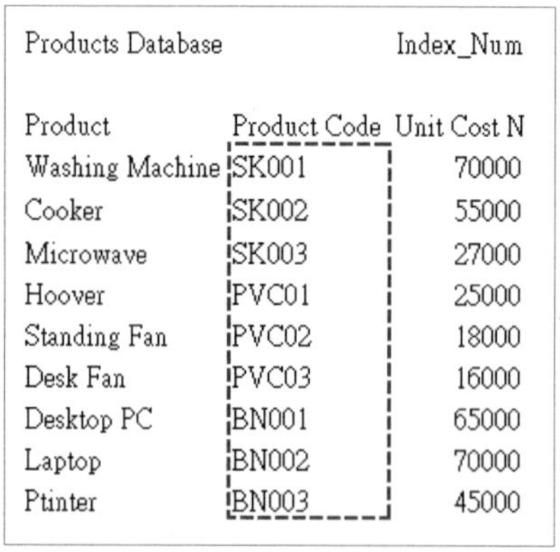

圖 3.39　XLOOKUP 函數的查找陣列

我們可以看到，這裡的 lookup_array 引數就只是第二個資料集裡的關鍵欄位，以此例來說就是產品代碼（Product Code）欄位。

下一個引數是新的，return_array。

下面的螢幕截圖顯示了 XLOOKUP 函數中的 return_array：

```
Products Database

Product              Product Code Unit Cost N
Washing Machine      SK001          70000
Cooker               SK002          55000
Microwave            SK003          27000
Hoover               PVC01          25000
Standing Fan         PVC02          18000
Desk Fan             PVC03          16000
Desktop PC           BN001          65000
Laptop               BN002          70000
Ptinter              BN003          45000

XLOOKUP(lookup_value, lookup_array, return_array, [if_not_found], [ma
```

圖 3.40　XLOOKUP 函數的傳回陣列

同樣地，我們可以看到，return_array 引數就只是具有我們想傳回（或取得）的值的欄位，以此例來說就是單位成本（Unit Cost），這樣就完成了！

我們已可輸入右括弧關閉函數，然後按下 Enter 鍵，則取得的結果值 65000 便會出現在銷售報告資料集中單位成本（Unit Cost）欄下的第一筆記錄裡。

我們現在可以將此公式往下複製至其他記錄，但別忘了，由於要複製，故我們必須利用 F4 鍵鎖定查找陣列與傳回陣列的參照，使之成為絕對形式才行，因為我們不希望該範圍移動（詳見「第 4 章，Excel 中的參照架構」）。

這個函數實作起來容易多了，它將成為大多數應用的首選查找函數。

接著讓我們來看看其他的選用引數：

- if_not_found：若在查找陣列中找不到查找值，此函數將會顯示出「#N/A」的錯誤訊息。一旦確定該錯誤不是因為公式有問題所導致，你應該會希望在該儲存格中顯示某些有意義的文字，而非 #N/A。

過去為了做到這件事，我們必須加入 IFERROR 函數，而這會使得公式變得更長、更複雜。

但若是使用 XLOOKUP 函數，我們就只需要將第四個引數 If_not_found 指定為「沒找到」、「無資料」或任何你想用的簡短說明文字。只是要記得，若是要傳回文字，就必須用雙引號（""）包住該段文字。

- match_mode：此引數可指定的數值及對應的比對類型如下：
  - ✦ 0 – 完全符合
  - ✦ -1 – 完全符合或下一個較小的資料
  - ✦ 1 – 完全符合或下一個較大的資料
  - ✦ 2 – 萬用字元比對
- search_mode：此引數可指定的數值及對應的搜尋模式如下：
  - ✦ 1 – 從頭搜尋到尾
  - ✦ -1 – 從尾搜尋到頭
  - ✦ 2 – 二進位搜尋（遞增排序）
  - ✦ -2 – 二進位搜尋（遞減排序）

◉ FILTER

這是 Excel 365 版的另一個新函數。若你曾用過「資料」功能區「排序與篩選」群組中的「進階」篩選功能，那麼你對簡單的 FILTER 函數例子的結果應該會感到很熟悉。不同之處在於，FILTER 做為一個函數，它更具動態且靈活。

FILTER 函數可依據任何你指定的條件來動態地篩選資料。

以下面這個資料集來說：

No.	LAST NAME	FIRST NAME	GROSS	PAYE	NET PAY	DEPT
1	Okilo	Natalie	450,000	13,500	436,500	1
2	Uba	Jeleel	390,000	11,700	378,300	1
3	Okeke	Dopsy	380,000	11,400	368,600	3
4	Bello	Peter	310,000	9,300	300,700	2
5	Saro-Wiwa	Stephanie	590,000	17,700	572,300	1
6	Gbadamosi	Lydia	420,000	12,600	407,400	3
7	Okorie	David	600,000	18,000	582,000	3
8	Ezekwesili	Joy	440,000	13,200	426,800	2
9	Ojukwu	Joseph	540,000	16,200	523,800	4
10	Anikulapo-Kuti	Henry	350,000	10,500	339,500	3
11	Awolowo	Adah	480,000	14,400	465,600	1
12	Asari-Dokubo	Olivia	400,000	12,000	388,000	4
13	Sekibo	Austin	400,000	12,000	388,000	2
14	Akiloye	Micheal	590,000	17,700	572,300	5
15	Olanrewaju	John	360,000	10,800	349,200	3
16	Attah	Ifeanyi	550,000	16,500	533,500	4
17	Akpabio	Ayobamidele	490,000	14,700	475,300	2
18	Akinjide	Dopsy	350,000	10,500	339,500	5
19	Kalu	Rex	460,000	13,800	446,200	2
20	Yar' Adua	Ada	310,000	9,300	300,700	3
21	Omehia	George	370,000	11,100	358,900	2
22	Ekwensi	Becca	470,000	14,100	455,900	4
23	Saro-Wiwa	Dickson	420,000	12,600	407,400	5
24	Jaja	Alex	480,000	14,400	465,600	1

圖 3.41　員工薪資明細

我們想篩選此資料集，找出薪資總額（GROSS）大於 500,000 的人。而且我們只想列出姓氏（LAST NAME）、名字（FIRST NAME）和薪資總額（GROSS）欄位。

我們在主要的資料集旁編製了兩個表格，上方的表格列出篩選條件：「薪資總額大於 500,000（Gross greater than 500,000）」，下方的表格則列出我們想顯示的欄位名稱做為其表頭。

接著在儲存格 K7 中輸入 FILTER 函數。其第一個引數是 array（陣列），
指向要顯示為結果的資料範圍。

	No.	LAST NAME	FIRST NAME	GROSS	PAYE	NET PAY	DEPT
4	1	Okilo	Natalie	450,000	13,500	436,500	1
5	2	Uba	Jeleel	390,000	11,700	378,300	1
6	3	Okeke	Dopsy	380,000	11,400	368,600	3
7	4	Bello	Peter	310,000	9,300	300,700	2
8	5	Saro-Wiwa	Stephanie	590,000	17,700	572,300	1
9	6	Gbadamosi	Lydia	420,000	12,600	407,400	3
10	7	Okorie	David	600,000	18,000	582,000	3
11	8	Ezekwesili	Joy	440,000	13,200	426,800	2
12	9	Ojukwu	Joseph	540,000	16,200	523,800	4
13	10	Anikulapo-Kuti	Henry	350,000	10,500	339,500	3
14	11	Awolowo	Adah	480,000	14,400	465,600	1
15	12	Asari-Dokubo	Olivia	400,000	12,000	388,000	4
16	13	Sekibo	Austin	400,000	12,000	388,000	2
17	14	Akiloye	Micheal	590,000	17,700	572,300	5
18	15	Olanrewaju	John	360,000	10,800	349,200	3
19	16	Attah	Ifeanyi	550,000	16,500	533,500	4
20	17	Akpabio	Ayobamidele	490,000	14,700	475,300	2
21	18	Akinjide	Dopsy	350,000	10,500	339,500	5
22	19	Kalu	Rex	460,000	13,800	446,200	2
23	20	Yar' Adua	Ada	310,000	9,300	300,700	3
24	21	Omehia	George	370,000	11,100	358,900	2
25	22	Ekwensi	Becca	470,000	14,100	455,900	4
26	23	Saro-Wiwa	Dickson	420,000	12,600	407,400	5
27	24	Jaja	Alex	480,000	14,400	465,600	1

Criteria　Gross greater than　500,000

LAST NAM FIRST NAME　GROSS
=FILTER(C4:E27|
FILTER (array, include, [if_empty])

圖 3.42　要篩選的陣列

由於我們只想列出姓氏（LAST NAME）、名字（FIRST NAME）和薪資
總額（GROSS），故此陣列就是資料集的所有記錄在這些欄位中的值。以
此例來說，就是「C4:E27」。

然後輸入逗號以繼續指定第二個引數，include。而這正是讓我們指定篩選
條件的地方。

圖 **3.43** 篩選的條件範圍

我們要指定此引數以顯示所有薪資總額（GROSS）大於 500,000 的記錄。先選取所有在薪資總額（GROSS）欄下的記錄，即「E4:E27」，然後輸入「>」（大於），接著再指向含有門檻金額 500,000 的儲存格 M4。也就是將此引數指定為「E4:E27>M4」。

最後一個引數 if_empty 為選用引數，它可讓你設定在沒有任何記錄符合指定條件時，你希望 Excel 傳回的內容。你可以輸入如「沒找到」之類的訊息文字，或者既然它是選用引數，你也可以留空不指定，直接輸入右括弧並按 Enter 鍵來完成函數。

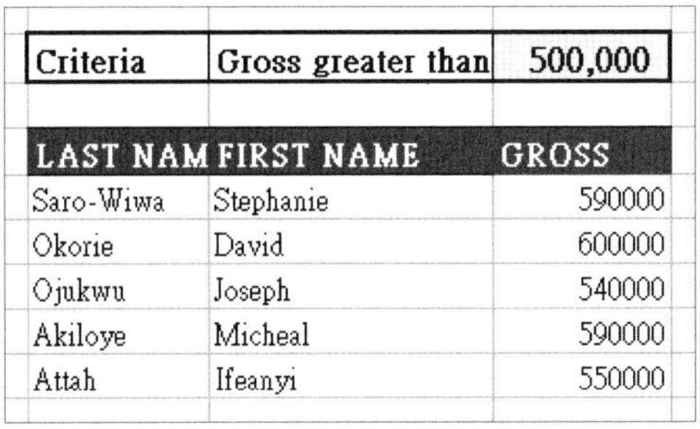

圖 **3.44** 薪資總額（GROSS）大於 500,000 的員工

所有記錄中薪資總額大於 500,000 者的姓氏（LAST NAME）、名字（FIRST NAME）和薪資總額（GROSS）都被列了出來。

此操作並未保留數字的格式，故傳回的數字都未經格式化，如圖 3.44 所示。只要利用「複製格式」功能將經格式化之數字「500,000」的格式複製過來，或是選取這些數字儲存格後，按 Ctrl + 1 鍵開啟「設定儲存格格式」對話方塊來設定格式即可。

由於 FILTER 是函數，故它賦予了我們靈活性，只要修改引數便能夠立刻顯示出一組全新的結果。以此例來說，若將儲存格 M4 中的條件改為「400,000」，則公式就會立即更新，並顯示出如下的結果：

	A	B	C	D	E	F	G	H	I	J	K	L	M
2													
3		No.	LAST NAME	FIRST NAME	GROSS	PAYE	NET PAY	DEPT					
4		1	Okilo	Natalie	450,000	13,500	436,500	1			Criteria	Gross greater than	400,000
5		2	Uba	Jeleel	390,000	11,700	378,300	1					
6		3	Okeke	Dopsy	380,000	11,400	368,600	3			LAST NAM	FIRST NAME	GROSS
7		4	Bello	Peter	310,000	9,300	300,700	2			Okilo	Natalie	450,000
8		5	Saro-Wiwa	Stephanie	590,000	17,700	572,300	1			Saro-Wiwa	Stephanie	590,000
9		6	Gbadamosi	Lydia	420,000	12,600	407,400	3			Gbadamosi	Lydia	420,000
10		7	Okorie	David	600,000	18,000	582,000	3			Okorie	David	600,000
11		8	Ezekwesili	Joy	440,000	13,200	426,800	2			Ezekwesili	Joy	440,000
12		9	Ojukwu	Joseph	540,000	16,200	523,800	4			Ojukwu	Joseph	540,000
13		10	Anikulapo-Kuti	Henry	350,000	10,500	339,500	3			Awolowo	Adah	480,000
14		11	Awolowo	Adah	480,000	14,400	465,600	1			Akiloye	Micheal	590,000
15		12	Asari-Dokubo	Olivia	400,000	12,000	388,000	4			Attah	Ifeanyi	550,000
16		13	Sekibo	Austin	400,000	12,000	388,000	2			Akpabio	Ayobamidele	490,000
17		14	Akiloye	Micheal	590,000	17,700	572,300	5			Kalu	Rex	460,000
18		15	Olanrewaju	John	360,000	10,800	349,200	3			Ekwensi	Becca	470,000
19		16	Attah	Ifeanyi	550,000	16,500	533,500	4			Saro-Wiwa	Dickson	420,000
20		17	Akpabio	Ayobamidele	490,000	14,700	475,300	2			Jaja	Alex	480,000
21		18	Akinjide	Dopsy	350,000	10,500	339,500	5					
22		19	Kalu	Rex	460,000	13,800	446,200	2					
23		20	Yar' Adua	Ada	310,000	9,300	300,700	3					
24		21	Omehia	George	370,000	11,100	358,900	2					
25		22	Ekwensi	Becca	470,000	14,100	455,900	4					
26		23	Saro-Wiwa	Dickson	420,000	12,600	407,400	5					
27		24	Jaja	Alex	480,000	14,400	465,600	1					

圖 3.45 薪資總額（GROSS）大於 400,000 的員工

若你決定只要顯示出薪資總額大於 400,000 者的姓氏與名字，那就把
array 引數改為「C4:D27」：

圖 3.46　更改 array 引數以便只顯示出姓名

當你按下 Enter 鍵，就會變成只顯示薪資總額（GROSS）大於 400,000 的
員工的姓氏與名字。

圖 3.47　只顯示姓氏與名字

請注意看，所顯示出的記錄是相同的，因為條件相同，只不過這次並未在
結果表格的薪資總額（GROSS）欄裡填入資料。

你應該要注意到，FILTER 函數是個陣列函數。我們只有在儲存格 K7 中輸入公式，但其傳回值卻會填入至多個儲存格中。過去，陣列類的函數一向被視為較進階而複雜，且需要用 Ctrl + Shift + Enter 鍵來輸入，只按 Enter 鍵會導致錯誤。但 Excel 365 版的這批新函數則可以直接處理陣列，不必按 Ctrl + Shift + Enter 鍵。

就如你所看到的，使用這些新函數時，雖然結果會分佈於多個儲存格，但公式只需輸入於單一儲存格。因此，除了你輸入公式的那個儲存格外，你不能直接更改公式或陣列中的任何儲存格。

還有，若結果陣列範圍內的儲存格先前已有填入內容，那麼將會顯示出「# 溢出！」的錯誤訊息，而不會顯示出結果。

	A	B	C	D	E	F	G	H	I	J	K	L	M
2													
3		No.	LAST NAME	FIRST NAME	GROSS	PAYE	NET PAY	DEPT					
4		1	Okilo	Natalie	450,000	13,500	436,500	1			Criteria	Gross greater than	400,000
5		2	Uba	Jeleel	390,000	11,700	378,300	1					
6		3	Okeke	Dopsy	380,000	11,400	368,600	3			LAST NAM	FIRST NAME	GROSS
7		4	Bello	Peter	310,000	9,300	300,700	2			#溢出!		
8		5	Saro-Wiwa	Stephanie	590,000	17,700	572,300	1					
9		6	Gbadamosi	Lydia	420,000	12,600	407,400	3					
10		7	Okorie	David	600,000	18,000	582,000	3					
11		8	Ezekwesili	Joy	440,000	13,200	426,800	2					
12		9	Ojukwu	Joseph	540,000	16,200	523,800	4				Random Text	
13		10	Anikulapo-Kuti	Henry	350,000	10,500	339,500	3					
14		11	Awolowo	Adah	480,000	14,400	465,600	1					
15		12	Asari-Dokubo	Olivia	400,000	12,000	388,000	4					
16		13	Sekibo	Austin	400,000	12,000	388,000	2					
17		14	Akiloye	Micheal	590,000	17,700	572,300	5					
18		15	Olanrewaju	John	360,000	10,800	349,200	3					
19		16	Attah	Ifeanyi	550,000	16,500	533,500	4					
20		17	Akpabio	Ayobamidele	490,000	14,700	475,300	2					
21		18	Akinjide	Dopsy	350,000	10,500	339,500	5					
22		19	Kalu	Rex	460,000	13,800	446,200	2					

圖 3.48　「# 溢出！」錯誤訊息

這時只要刪除造成妨礙的內容，就能讓結果顯示出來。

◉ SORT

正如其名，此函數可讓你依據所選擇的欄位及指定的排序順序（遞增或遞減），來對清單或表格進行排序。

接著我們就以同樣的員工薪資資料集為例，嘗試依姓氏（LAST NAME）進行排序：

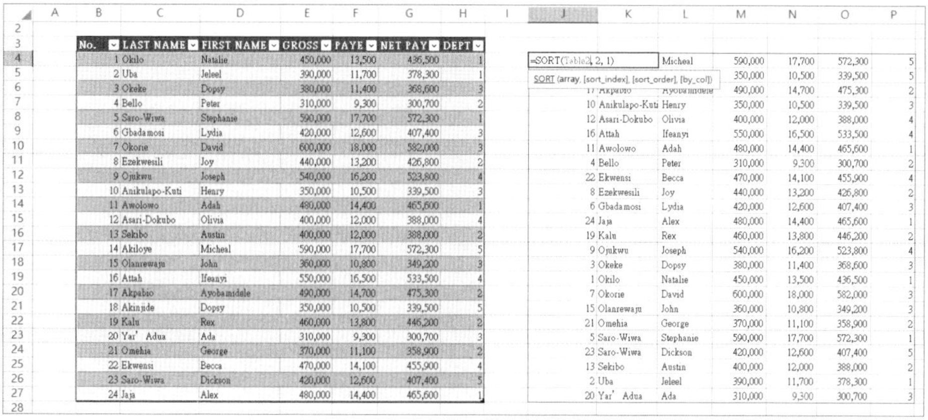

圖 3.49　依姓氏排序

這個 SORT 函數具有四個引數，其中三個為選用引數。第一個引數 array 為必填，用來指定要納入排序的陣列範圍。在此例中，我們指定了整個表格。

下一個引數是 sort_index，用來指定要據以排序的欄編號，而這個編號是以所指定陣列範圍的第一欄（以本例來說是「No.」欄）為編號 1。我們想要依姓氏（LAST NAME）排序，姓氏是所選陣列中的第二欄，因此 sort_index 要指定為「2」。

接著第三個引數是 sort_order，即排序順序，指定為 1 代表遞增（A 到 Z，或最小到最大），指定為 -1 代表遞減（Z 到 A，或最大到最小）。在此我們指定為 1，採取遞增排序。現在按下 Enter 鍵，便會顯示出依姓氏之英文字母順序排序的清單，如圖 3.49 所示。

最後一個引數是 by_col，在此予以忽略，因為我們的資料是以列編排，而這就是預設值。

接下來我們要指定以姓氏（LAST NAME）、名字（FIRST NAME）和薪資總額（GROSS）為陣列範圍，並依據薪資總額進行遞減排序。

83

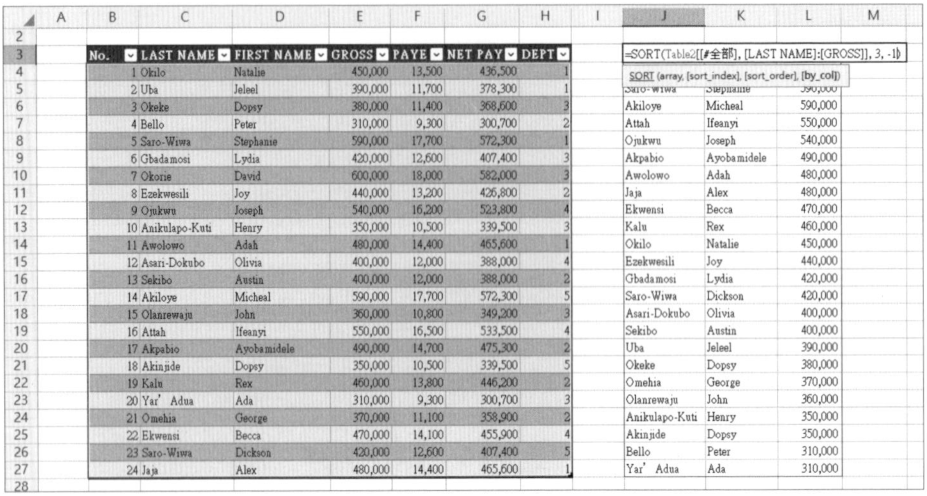

圖 3.50 依據薪資總額（GROSS）進行遞減排序

如圖 3.50 所示，只有從姓氏（LAST NAME）到薪資總額（GROSS）共三個欄位被選為陣列範圍，接著 sort_index 指定為 3，因為薪資總額欄位在我們所選陣列的第 3 欄，而 sort_order 指定為 -1，代表遞減排序。

◉ SORTBY

這是 SORT 函數的擴充版本。當排序條件不屬於你要傳回之陣列的一部分時，或是當你需要依多個條件排序時，就使用 SORTBY 函數。

在此讓我們以姓氏（LAST NAME）和名字（FIRST NAME）為要排序的陣列範圍，並依薪資總額（GROSS）進行遞減排序：

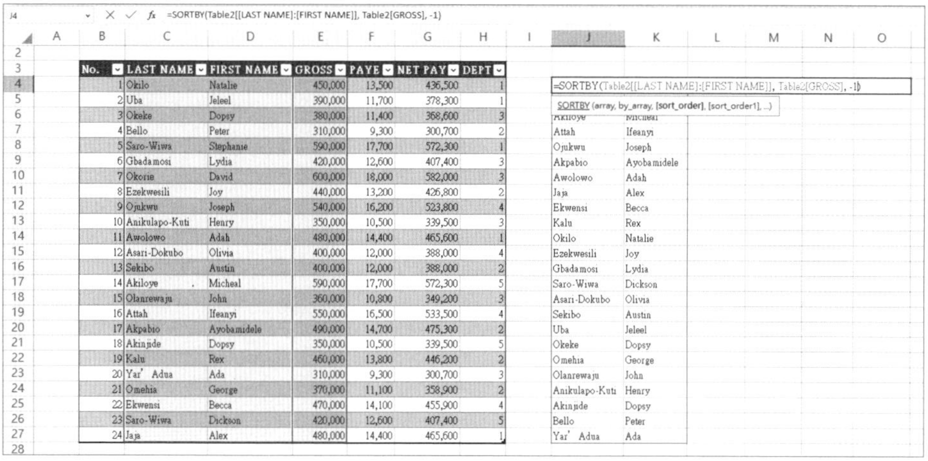

圖 3.51 顯示依薪資總額（GROSS）排序的姓名

SORTBY 函數的第一個引數和 SORT 函數一樣，要指定陣列範圍。在此我們選取姓氏（LAST NAME）和名字（FIRST NAME）。

接著第二個引數是 by_array1，代表第一個排序依據。在此我們選取薪資總額（GROSS）欄位。

再下一個引數是 sort_order1，用來指定第一個排序依據要採取的排序順序。「-1」代表遞減排序。由於在此我們只有一個排序依據，故現在已可輸入右括弧並按下 Enter 鍵完成公式，以獲得如圖 3.51 的結果。

最後要來看看如何先依部門（DEPT）排序，再依薪資總額（GROSS）排序。首先針對陣列範圍，選取從姓氏（LAST NAME）到部門（DEPT）的所有欄位。然後將 by_array1 指定為「DEPT」，sort_order1 指定為「1」（遞增排序）。接下來將 by_array2 引數指定為薪資總額（GROSS），sort_order2 則指定為「-1」（遞減排序）。

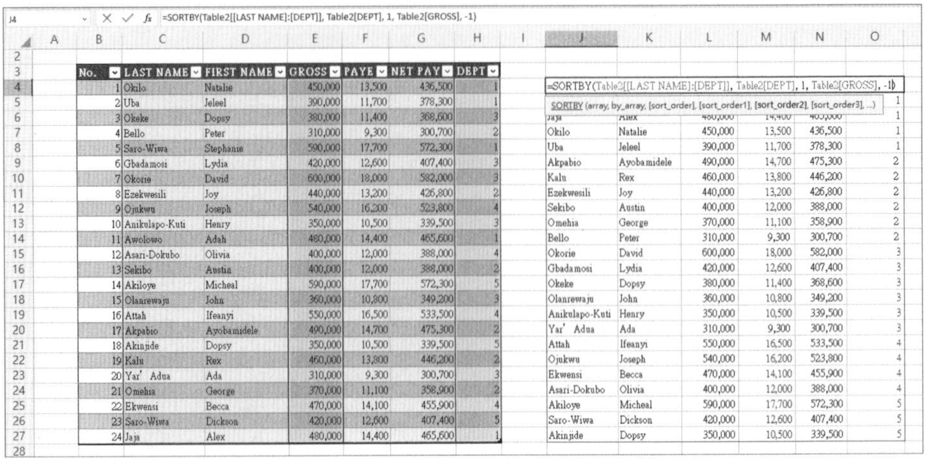

圖 **3.52** 先依部門（DEPT），再依薪資總額（GROSS）排序

當你按下 Enter 鍵完成公式，便會得到如圖 3.52 的結果。

◉ UNIQUE

在某個清單或儲存格範圍中，可能會有一些值或所有的值都出現不止一次。而 UNIQUE 函數能夠忽略所有的重複，從清單或儲存格範圍中提取唯一值。

例如，在圖 3.53 的資料集中，業務員（SALESMAN）、區域（REGION）和產品（PRODUCT）欄位都有幾個業務員、區域和產品分別重複出現。

DATE	SALESMAN	REGION	PRODUCT	UNITS	UNIT PRICE	SALES
2018/3/1	DAVID	North	Gas Cooker	2398	45,000	107,910,000
2018/3/2	DAVID	North	Washing Mch.	2251	47,000	105,797,000
2018/3/3	MICHAEL	East	Washing Mch.	1926	47,000	90,522,000
2018/3/4	JOHN	West	Washing Mch.	1505	47,000	70,735,000
2018/3/5	ROBERT	West	MW Oven	2512	22,000	55,264,000
2018/3/6	WILLIAM	North	Washing Mch.	1700	47,000	79,900,000
2018/3/7	WILLIAM	South	Gas Cooker	1231	45,000	55,395,000
2018/3/8	WILLIAM	West	Washing Mch.	1849	47,000	86,903,000
2018/3/9	MICHAEL	North	MW Oven	2693	22,000	59,246,000
2018/3/10	WILLIAM	West	Gas Cooker	1995	45,000	89,775,000
2018/3/11	ROBERT	South	Fridge	2286	75,000	171,450,000
2018/3/12	JAMES	South	Fridge	2483	75,000	186,225,000
2018/3/13	ROBERT	East	MW Oven	1776	22,000	39,072,000
2018/3/14	MICHAEL	West	Gas Cooker	1813	45,000	81,585,000
2018/3/15	JOHN	North	Fridge	1771	75,000	132,825,000
2018/3/16	ROBERT	East	MW Oven	586	22,000	12,892,000
2018/3/17	JAMES	West	Fridge	2879	75,000	215,925,000
2018/3/18	WILLIAM	North	Washing Mch.	1909	47,000	89,723,000
2018/3/19	JOHN	East	Washing Mch.	1001	47,000	47,047,000
2018/3/20	ROBERT	West	Gas Cooker	2629	45,000	118,305,000
2018/3/21	ROBERT	East	Fridge	1946	75,000	145,950,000

圖 3.53 依業務員、區域及產品分類的銷售報告

由於這份報告被格式化成了 Excel 表格，故我們將能利用一些專屬於 Excel 表格的功能來加快工作速度。若要轉換成 Excel 表格，只要於選取整個資料集後，按下 Ctrl + T 鍵即可。

在此，我們於儲存格 J5 中輸入 UNIQUE 函數。你會注意到，此函數有三個引數，其中兩個為選用引數。

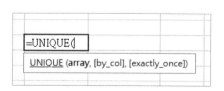

圖 3.54 UNIQUE 函數的引數

為了提取出業務員的唯一值清單，我們將滑鼠移至業務員（SALESMAN）欄位表頭（儲存格 C4）的上邊框處，待滑鼠指標變成粗黑箭頭狀時，點按一下。

這時整個業務員欄都會被選取起來，如圖 3.55 所示：

J5		×	✓	fx	=UNIQUE(Table1[SALESMAN]								
◢	A	B	C	D	E	F	G	H	I	J	K	L	
1													
2		UNIQUE FUNCTION											
3													
4		DATE	SALESMA	REGIO	PRODUC	UNITS	UNIT PRI	SALES					
5		2018/3/1	DAVID	North	Gas Cooker	2398	45,000	107,910,000		=UNIQUE(Table1[SALESMAN])			
6		2018/3/2	DAVID	North	Washing Mch.	2251	47,000	105,797,000		UNIQUE (array, [by_col], [exactly_once])			
7		2018/3/3	MICHAEL	East	Washing Mch.	1926	47,000	90,522,000					
8		2018/3/4	JOHN	West	Washing Mch.	1505	47,000	70,735,000					
9		2018/3/5	ROBERT	West	MW Oven	2512	22,000	55,264,000					
10		2018/3/6	WILLIAM	North	Washing Mch.	1700	47,000	79,900,000					
11		2018/3/7	WILLIAM	South	Gas Cooker	1231	45,000	55,395,000					
12		2018/3/8	WILLIAM	North	Washing Mch.	1849	47,000	86,903,000					
13		2018/3/9	MICHAEL	North	MW Oven	2693	22,000	59,246,000					
14		2018/3/10	WILLIAM	West	Gas Cooker	1995	45,000	89,775,000					
15		2018/3/11	ROBERT	South	Fridge	2286	75,000	171,450,000					
16		2018/3/12	JAMES	South	Fridge	2483	75,000	186,225,000					
17		2018/3/13	ROBERT	East	MW Oven	1776	22,000	39,072,000					
18		2018/3/14	MICHAEL	West	Gas Cooker	1813	45,000	81,585,000					
19		2018/3/15	JOHN	North	Fridge	1771	75,000	132,825,000					
20		2018/3/16	ROBERT	East	MW Oven	586	22,000	12,892,000					
21		2018/3/17	JAMES	West	Fridge	2879	75,000	215,925,000					
22		2018/3/18	WILLIAM	North	Washing Mch.	1909	47,000	89,723,000					
23		2018/3/19	JOHN	East	Washing Mch.	1001	47,000	47,047,000					
24		2018/3/20	ROBERT	West	Gas Cooker	2629	45,000	118,305,000					
25		2018/3/21	ROBERT	East	Fridge	1946	75,000	145,950,000					
26		2018/3/22	DAVID	West	Washing Mch.	1042	47,000	48,974,000					

圖 3.55　選取業務員做為 array 引數

由於剩下的引數都為選用引數，故可忽略，直接按下 Enter 鍵完成公式，便能獲得唯一值清單：

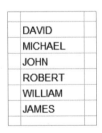

圖 3.56　業務員的唯一值清單

這份銷售報告共有 47 筆記錄，但只有六位不同的業務員。這些業務員重複出現在各筆記錄中。

若是想提取區域的唯一值清單，我們只需要修改公式，把業務員（SALESMAN）欄位換成區域（REGION）欄位就行了。請選取儲存格 J5，也就是包含 UNIQUE 函數的儲存格，然後按鍵盤上的 F2 功能鍵進入編輯模式，用向左的方向鍵把游標移入公式的語法中，再反白選取第一個引數 array。

J5		✓ ✗ ✓	fx	=UNIQUE(Table1[REGION])							
	A	B	C	D	E	F	G	H	I	J	K	L
1												
2		UNIQUE FUNCTION										
3												
4		DATE	SALESMA	REGIO	PRODUCT	UNITS	UNIT PRI	SALES				
5		2018/3/1	DAVID	North	Gas Cooker	2398	45,000	107,910,000		=UNIQUE(Table1[REGION])		
6		2018/3/2	DAVID	North	Washing Mch.	2251	47,000	105,797,000		UNIQUE (array, [by_col], [exactly_once])		
7		2018/3/3	MICHAEL	East	Washing Mch.	1926	47,000	90,522,000		JOHN		
8		2018/3/4	JOHN	West	Washing Mch.	1505	47,000	70,735,000		ROBERT		
9		2018/3/5	ROBERT	West	MW Oven	2512	22,000	55,264,000		WILLIAM		
10		2018/3/6	WILLIAM	North	Washing Mch.	1700	47,000	79,900,000		JAMES		
11		2018/3/7	WILLIAM	South	Gas Cooker	1231	45,000	55,395,000				
12		2018/3/8	WILLIAM	West	Washing Mch.	1849	47,000	86,903,000				
13		2018/3/9	MICHAEL	North	MW Oven	2693	22,000	59,246,000				
14		2018/3/10	WILLIAM	West	Gas Cooker	1995	45,000	89,775,000				
15		2018/3/11	ROBERT	South	Fridge	2286	75,000	171,450,000				
16		2018/3/12	JAMES	South	Fridge	2483	75,000	186,225,000				
17		2018/3/13	ROBERT	East	MW Oven	1776	22,000	39,072,000				
18		2018/3/14	MICHAEL	West	Gas Cooker	1813	45,000	81,585,000				
19		2018/3/15	JOHN	North	Fridge	1771	75,000	132,825,000				
20		2018/3/16	ROBERT	East	MW Oven	586	22,000	12,892,000				
21		2018/3/17	JAMES	West	Fridge	2879	75,000	215,925,000				
22		2018/3/18	WILLIAM	North	Washing Mch.	1909	47,000	89,723,000				

圖 3.57　提取區域唯一值清單的公式

這時 array 引數會變成粗體，而我們原本選取的範圍，亦即業務員（SALESMAN）欄，會呈現選取狀態。接著只要用和先前選取業務員欄位的同樣方法選取區域（REGION）欄位後，按下 Enter 鍵就行了。

North
East
West
South

圖 3.58　區域的唯一值清單

接下來為了提取業務員與區域的唯一值清單，我們在儲存格 K5 中輸入公式，重複先前選取業務員做為 array 引數的步驟，不過這次在選完業務員（SALESMAN）欄後，別立刻鬆開滑鼠鍵，請繼續把區域（REGION）欄也拖曳選取後，再鬆開滑鼠鍵，也就是要把業務員和區域欄位一起選取起來：

A	B	C		G	H	I	J	K	L	M	N
1											
2	UNIQUE FUNCTION										
3											
4	DATE	SALESMA	REGIO	PRODUCT	UNITS	UNIT PRIC	SALES				
5	2018/3/1	DAVID	North	Gas Cooker	2398	45,000	107,910,000		North	=UNIQUE(Table1[[SALESMAN]:[REGION]])	
6	2018/3/2	DAVID	North	Washing Mch.	2251	47,000	105,797,000		East		
7	2018/3/3	MICHAEL	East	Washing Mch.	1926	47,000	90,522,000		West		
8	2018/3/4	JOHN	West	Washing Mch.	1505	47,000	70,735,000		South		
9	2018/3/5	ROBERT	West	MW Oven	2512	22,000	55,264,000				
10	2018/3/6	WILLIAM	North	Washing Mch.	1700	47,000	79,900,000				
11	2018/3/7	WILLIAM	South	Gas Cooker	1231	45,000	55,395,000				
12	2018/3/8	WILLIAM	West	Washing Mch.	1849	47,000	86,903,000				
13	2018/3/9	MICHAEL	North	MW Oven	2693	22,000	59,246,000				
14	2018/3/10	WILLIAM	West	Gas Cooker	1995	45,000	89,775,000				
15	2018/3/11	ROBERT	South	Fridge	2286	75,000	171,450,000				
16	2018/3/12	JAMES	South	Fridge	2483	75,000	186,225,000				
17	2018/3/13	ROBERT	East	MW Oven	1776	22,000	39,072,000				
18	2018/3/14	MICHAEL	West	Gas Cooker	1813	45,000	81,585,000				
19	2018/3/15	JOHN	North	Fridge	1771	75,000	132,825,000				
20	2018/3/16	ROBERT	East	MW Oven	586	22,000	12,892,000				
21	2018/3/17	JAMES	West	Fridge	2879	75,000	215,925,000				
22	2018/3/18	WILLIAM	North	Washing Mch.	1909	47,000	89,723,000				
23	2018/3/19	JOHN	East	Washing Mch.	1001	47,000	47,047,000				
24	2018/3/20	ROBERT	West	Gas Cooker	2629	45,000	118,305,000				
25	2018/3/21	ROBERT	East	Fridge	1946	75,000	145,950,000				

圖 3.59　業務員與區域的唯一值清單

下一個引數 by_col 在此不適用，因為我們的資料是以列編排而非欄。由於這個引數為選用引數，故我們可直接輸入一個逗號（,）來移至最後一個引數，exactly_once。exactly_once 引數可指定要傳回哪種業務員與區域組合的唯一值清單，它有兩個選項：「1」或「True」── 傳回徹底只出現一次的組合；「0」或「False」── 傳回每一個不同的組合。在此我們指定「1」：

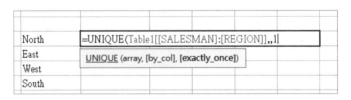

圖 3.60　exactly_once 引數

按下 Enter 鍵完成公式，便會得到如下的結果：

	A	B	C	D	E	F	G	H	I	J	K	L
1												
2		UNIQUE FUNCTION										
3												
4		DATE	SALESMA	REGIO	PRODUCT	UNITS	UNIT PRI	SALES				
5		2018/3/1	DAVID	North	Gas Cooker	2398	45,000	107,910,000		North	MICHAEL	East
6		2018/3/2	DAVID	North	Washing Mch.	2251	47,000	105,797,000		East	JAMES	South
7		2018/3/3	MICHAEL	East	Washing Mch.	1926	47,000	90,522,000		West	JAMES	West
8		2018/3/4	JOHN	West	Washing Mch.	1505	47,000	70,735,000		South	JOHN	East
9		2018/3/5	ROBERT	West	MW Oven	2512	22,000	55,264,000			ROBERT	North
10		2018/3/6	WILLIAM	North	Washing Mch.	1700	47,000	79,900,000			JAMES	North
11		2018/3/7	WILLIAM	South	Gas Cooker	1231	45,000	55,395,000				
12		2018/3/8	WILLIAM	West	Washing Mch.	1849	47,000	86,903,000				
13		2018/3/9	MICHAEL	North	MW Oven	2693	22,000	59,246,000				
14		2018/3/10	WILLIAM	West	Gas Cooker	1995	45,000	89,775,000				
15		2018/3/11	ROBERT	South	Fridge	2286	75,000	171,450,000				
16		2018/3/12	JAMES	South	Fridge	2483	75,000	186,225,000				
17		2018/3/13	ROBERT	East	MW Oven	1776	22,000	39,072,000				
18		2018/3/14	MICHAEL	West	Gas Cooker	1813	45,000	81,585,000				
19		2018/3/15	JOHN	North	Fridge	1771	75,000	132,825,000				
20		2018/3/16	ROBERT	East	MW Oven	586	22,000	12,892,000				
21		2018/3/17	JAMES	West	Fridge	2879	75,000	215,925,000				
22		2018/3/18	WILLIAM	North	Washing Mch.	1909	47,000	89,723,000				
23		2018/3/19	JOHN	East	Washing Mch.	1001	47,000	47,047,000				
24		2018/3/20	ROBERT	West	Gas Cooker	2629	45,000	118,305,000				
25		2018/3/21	ROBERT	East	Fridge	1946	75,000	145,950,000				

圖 3.61　只出現一次的業務員與區域唯一值清單

由於我們的資料集被格式化成了 Excel 表格，故若我們新增一筆記錄至該表格底端，任何參照該表格的公式都會自動更新以加入該筆新記錄。

假設我們把下面這筆記錄新增至表格底端：2018/4/16; MICHAEL; North East; MW Oven; 1000; 22,000; 22,000,000; 如圖 3.62 所示：

47	2018/4/12	JAMES	East	MW Oven	1194	22,000	26,268,000
48	2018/4/13	ROBERT	South	Washing Mch.	2137	47,000	100,439,000
49	2018/4/14	WILLIAM	North	Washing Mch.	770	47,000	36,190,000
50	2018/4/15	JAMES	North	Fridge	771	75,000	57,825,000
51	2018/4/16	MICHAEL	North East	MW Oven	1000	22,000	22,000,000

圖 3.62　在表格底端新增一筆記錄

當你按下 Enter 鍵，所有與此表格相關聯的公式都會自動做出相應的更新！

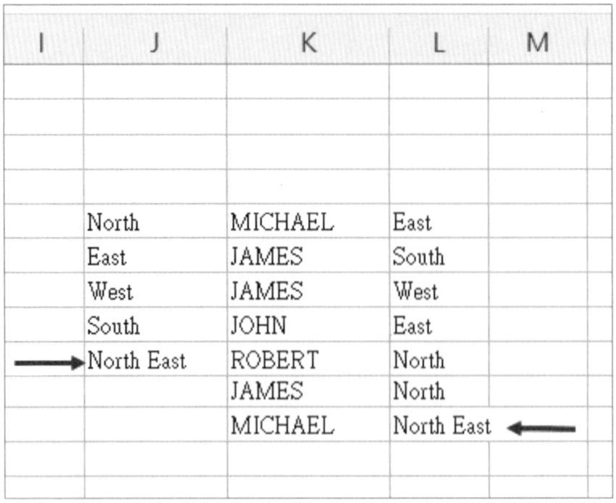

I	J	K	L	M
	North	MICHAEL	East	
	East	JAMES	South	
	West	JAMES	West	
	South	JOHN	East	
→	North East	ROBERT	North	
		JAMES	North	
		MICHAEL	North East	←

圖 3.63　公式會更新以加入該筆新資料

圖 3.63 中的箭頭指出了新資料分別被加入到各個公式輸出陣列中的哪個
位置。

而我們還可以再進一步產生經排序、篩選的清單。選取儲存格 K5，其中的
公式會提取業務員與區域的唯一值清單，請按下 F2 功能鍵進入編輯模式。

緊接在「＝」之後，輸入「SORT」，然後按 Tab 鍵。這樣就能插入並啟動
SORT 函數。

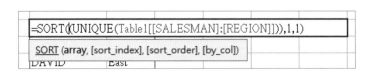

圖 3.64　替唯一值清單進行排序的語法

這個 SORT 函數的 array 引數（要納入排序的陣列範圍）就是 UNIQUE
公式，故我們必須在 UNIQUE 公式的開頭與結尾處加上括弧（這些是圖
3.64 中內層的括弧）。接著輸入逗號後，將 sort_index 引數指定為「1」，
再接著一個逗號，然後把 sort_order 引數也指定為「1」以採取遞增排序
（即從 A 到 Z）。

J	K	L
North	DAVID	North
East	DAVID	West
West	DAVID	East
South	JAMES	South
North East	JAMES	West
	JAMES	East
	JAMES	North
	JOHN	West
	JOHN	North
	JOHN	East
	MICHAEL	East
	MICHAEL	North
	MICHAEL	West
	MICHAEL	South
	MICHAEL	North East
	ROBERT	West
	ROBERT	South
	ROBERT	East
	ROBERT	North
	WILLIAM	North
	WILLIAM	South
	WILLIAM	West

圖 3.65　經排序的業務員與區域唯一值清單

現在，業務員與區域唯一值清單已依據業務員（SALESMAN）欄的資料，按照英文字母順序以遞增方式排序。

3.7 　總結

在本章中，我們已瞭解到公式與函數的威力，以及如何能利用公式與函數來加快建模速度並使建模變得更有趣。我們探討了一些如 VLOOKUP、MATCH 和 CHOOSE 等較常見的函數的例子。此外也介紹了一些 Excel 365 版中的新函數，包括 XLOOKUP、FILTER、UNIQUE 及 SORT。之後在「第 7 章，資產與負債的明細表」中，我們還會看到另一個新函數，SEQUENCE。

而在下一章中，我們將認識構成 Excel 骨幹的重要功能之一，那就是「參照架構」。理解此架構並懂得應用其原則，將有助於加快工作速度及提升生產力。

CHAPTER
04

Excel 中的參照架構

在建模的過程中，往往必須處理大量重複又耗時的計算。這除了會佔用很多時間外，也可能讓實際的建模工作變得無趣又缺乏吸引力。幸好，Excel 具備許多工具與功能，可加快操作速度，並使建模成為一種更令人感到愉悅的活動。而 Excel 中的參照架構就是一個這樣的功能。

於本章結束時，你將明白參照架構到底是什麼。你會學到不同類型的參照，以及該在何時，又要如何利用這些參照來增加你的生產力。

在本章中，我們將說明下列這些主題：

- 架構簡介
- 相對參照
- 絕對參照
- 混合參照

4.1　架構簡介

Microsoft Excel 中的工作表被分割成超過 1 百萬列及超過 16,000 欄。各個列以數字 1、2、3…標記,直到 1048576,而各欄則以 A、B、C…標記,直到 XFD。這些列與欄彼此相交,在一張工作表上形成了超過 160 億個儲存格。由於儲存格是以相交而形成該儲存格的欄與列來識別,故每個儲存格都有個獨一無二的標示,也就是寫成相交的欄與列。因此,位於 UV 欄與第 59 列相交處的儲存格,就是儲存格「UV59」。在該電腦的該活頁簿中的該工作表上,不會有其他的儲存格 UV59 存在。而這樣的特性構成了 Excel 中參照架構的基礎。這表示,你可透過將儲存格參照寫在公式裡的方式,來使用任何儲存格中的內容。

下面的螢幕截圖便提供了一個最簡單的例子。藉由在儲存格 F5 中輸入「=D4」,便能將儲存格 D4 中的內容(「Happy day」)複製到儲存格 F5 中:

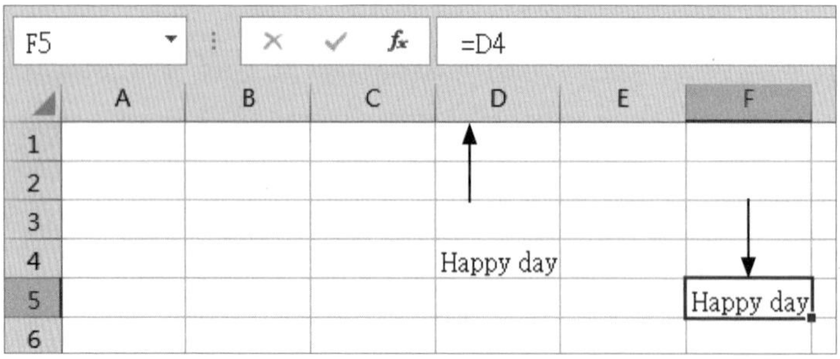

圖 4.1　公式中的儲存格參照

在 Excel 中建立公式時,你可將公式中各個部分的值直接輸入至該儲存格,如以下的螢幕截圖所示:

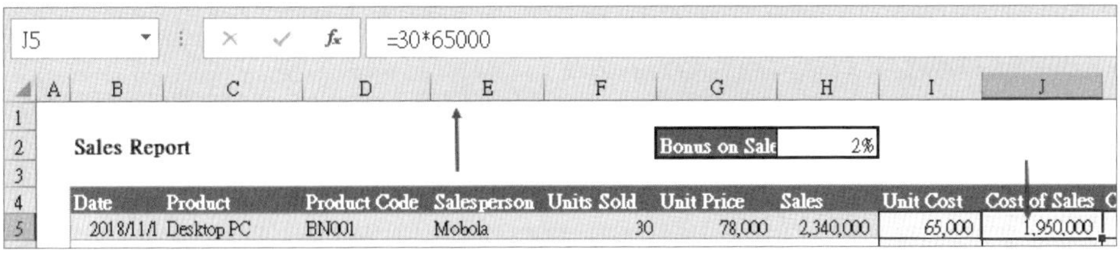

J5	▼	:	×	✓	ƒx	=30*65000

圖 4.2 寫死的公式

銷售成本（Cost of Sales）為售出單位（Units Sold）x 單位成本（Unit Cost），以此例來說是 30 x 65000。資料編輯列中的公式顯示了我們直接輸入「=30*65000」以得出「1,950,000」。

這種做法（一般稱做「寫死」或「硬編碼」）有兩個主要缺點：

- 無法清楚看出數字從何而來。幾個月後，當你再次檢查模型時，肯定不希望為了確定輸入資料的來源，而必須再把整個過程想一遍。

- 若儲存格包含的輸入值必須修改以符合新的和 / 或更精準的資訊，那麼無論這些變數出現在模型中的何處，又或是已被用於模型的公式裡，你都必須逐一進行對應的更新才行。

接著讓我們來看看 Excel 中幾個不同類型的參照方式，以及這些不同方式對公式的影響。

4.2 相對參照

相對參照是 Excel 中預設的參照類型。之所以叫相對參照，是因為當公式中含有這種參照且該公式被複製到另一處時，參照的欄與列都會按照相對於該公式複製到的儲存格位置而有等量的改變。

與其直接在儲存格中輸入值，你應該要在別的儲存格中輸入值後，再輸入包含該值之儲存格的儲存格參照，如以下螢幕截圖所示：

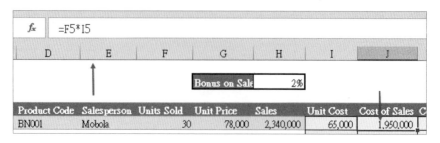

圖 4.3　含有儲存格參照的公式

輸入儲存格參照而非在儲存格中被參照的值，並不會改變公式的結果。唯一會改變的，是你現在在公式中看到的是儲存格參照，而非儲存格中的值。不過，當你決定將該公式複製到另一處時，儲存格參照的規則就會發揮作用。Excel 讓我們能藉由簡單參照儲存格的方式（不把值寫死）來利用儲存格的內容。

資料編輯列顯示了我們輸入的公式是「=F5*I5」，這樣的寫法能讓人清楚看出輸入資料從何而來。該公式指明了要將儲存格 F5 的值乘以儲存格 I5 的值。而目前，這代表了 30 x 65,000，得到的是 1,950,000。

這時該公式並非直接連結到該儲存格的內容，更明確地說，它連結的不是儲存格，而是儲存格的參照。這表示，當我們修改一或多個被參照的儲存格的內容時，Excel 便會使用修改後的新值，於是求得的結果也會隨之更新。

因此，若我們將此例中 Mobola 的售出單位（Units Sold）從 30 改為 50，則銷售成本（Cost of Sales）就會變成 50 x 65,000 = 3,250,000：

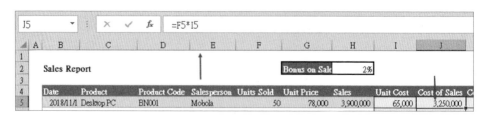

圖 4.4　更新後的銷售成本

你應該會注意到銷售額（Sales，為售出單位（Units Sold）x 單位價格（Unit Price））也更新成了 3,900,000，因為該公式也參照到了 Mobola 的售出單位，亦即儲存格 F5。因此，所有包含公式的儲存格，只要其中有直接或間接參照至經修改的儲存格，都會隨之自動更新。

參照還有另一個優點，那就是 Excel 預設會將儲存格的參照位置註冊為相對於作用中的儲存格。以上面的例子來說，F5 會被註冊為與作用中儲存格 J5 位於同一列但往左四個儲存格之處，而 I5 則為往左一個儲存格之處。

這件事的意義在於，當你將該公式複製到別的位置時，Excel 會記住相對於公式原始位置的原始儲存格參照位置，然後對參照做相應的調整，以維持那些相對於新的作用中儲存格的位置。以上面的例子來說，如果公式被複製到往下一個儲存格處（亦即下一列），其參照的列部分就會被往下調整一列，也就是原本的「F5*I5」會自動變成「F6*I6」，如圖 4.5 所示：

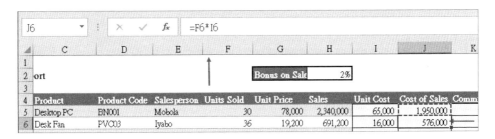

圖 4.5 將銷售成本的公式往下一列複製

如此一來，由於公式依舊是售出單位 x 單位成本，所以我們可以直接將公式往下複製，而且還能維持正確的計算結果。

若是像先前那樣直接將值輸入至作用中儲存格，這種複製的做法就行不通。在那種情況下，若是往下複製，就只會整排都一直得到同樣的結果值 1,950,000。

以下的螢幕截圖便顯示了將公式沿該欄往下複製的結果：

A	B	C	D	E	F	G	H	I	J	K
1										
2	Sales Report						Bonus on Sale	2%		
3										
4	Date	Product	Product Code	Salesperson	Units Sold	Unit Price	Sales	Unit Cost	Cost of Sales	Commissio
5	2018/11/1	Desktop PC	BN001	Mobola	30	78,000	2,340,000	65,000	1,950,000	
6	2018/11/2	Desk Fan	PVC03	Iyabo	36	19,200	691,200	16,000	576,000	
7	2018/11/3	Ptinter	BN003	Dupe	27	54,000	1,458,000	45,000	1,215,000	
8	2018/11/4	Microwave	SK003	Mobola	44	32,400	1,425,600	27,000	1,188,000	
9	2018/11/6	Standing Fan	PVC02	Deji	26	21,600	561,600	18,000	468,000	
10	2018/11/7	Desktop PC	BN001	Deji	35	78,000	2,730,000	65,000	2,275,000	
11	2018/11/8	Cooker	SK002	Lara	42	66,000	2,772,000	55,000	2,310,000	
12	2018/11/9	Cooker	SK002	Tunde	48	66,000	3,168,000	55,000	2,640,000	
13	2018/11/10	Desk Fan	PVC03	Mobola	43	19,200	825,600	16,000	688,000	
14	2018/11/11	Ptinter	BN003	Dupe	31	54,000	1,674,000	45,000	1,395,000	
15	2018/11/13	Standing Fan	PVC02	Mobola	25	21,600	540,000	18,000	450,000	
16	2018/11/14	Desktop PC	BN001	Mobola	43	78,000	3,354,000	65,000	2,795,000	
17	2018/11/15	Washing Machine	SK001	Dupe	50	84,000	4,200,000	70,000	3,500,000	
18	2018/11/16	Laptop	BN002	Iyabo	36	84,000	3,024,000	70,000	2,520,000	
19	2018/11/17	Standing Fan	PVC02	Lara	33	21,600	712,800	18,000	594,000	
20	2018/11/18	Hoover	PVC01	Dupe	34	30,000	1,020,000	25,000	850,000	

圖 4.6　將銷售成本的公式往下複製到該欄 / 欄位的其他儲存格

這種類型的參照就叫做相對參照。

4.3　絕對參照

有時候你會希望公式所包含的參照能在你將該公式複製到其他位置時，依舊保持不變。例如，若我們想計算每個銷售人員的佣金（Commission），其算法就是銷售額（Sales）x 銷售分紅（Bonus on Sales）。

而隨著銷售資料一路往下，列編號遞增，指向該列銷售人員之銷售額的參照也從 H5、H6、H7 一直改變到資料中最後一筆記錄的 H20 為止。我們希望參照如此變化，這樣正確的銷售額才會對應到正確的銷售人員。

但我們使用的銷售分紅率（佣金百分比）則是一樣的，位在儲存格 H2，故當我們將公式沿著清單往下複製時，我們希望該儲存格參照一直維持為 H2。換句話說，我們需要鎖住這個儲存格參照，或是使之成為絕對形式。為此，我們要在該參照的欄與列編號前加一個「$」符號，以 H2 來

說就是改成「$H$2」。如以下螢幕截圖所示，輸入至 K5 的公式就會是
「=H5*$H$2」：

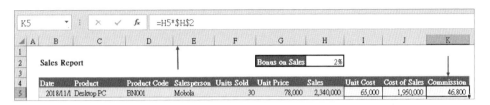

圖 4.7 指向銷售分紅率（Bonus on Sales）的絕對參照

Excel 讓我們可透過按 F4 鍵來為欄與列參照加上 $ 符號，而不必一一手動
輸入。這表示當我們將此公式逐列往下複製時，指向銷售額（Sales）的參
照會隨著列改變，但指向銷售分紅率（Bonus on Sales）的參照則會維持
（鎖定）為儲存格 H2。

以下的螢幕截圖便顯示了將具有鎖定之儲存格參照的公式，沿該欄往下複
製的結果：

	K5	▼	:	×	✓	*fx*	=H5*$H$2				
▲	A	B	C	D	E	F	G	H	I	J	K
1											
2		Sales Report					Bonus on Sales	2%			
3											
4		Date	Product	Product Code	Salesperson	Units Sold	Unit Price	Sales	Unit Cost	Cost of Sales	Commission
5		2018/11/1	Desktop PC	BN001	Mobola	30	78,000	2,340,000	65,000	1,950,000	46,800
6		2018/11/2	Desk Fan	PVC03	Iyabo	36	19,200	691,200	16,000	576,000	13,824
7		2018/11/3	Printer	BN003	Dupe	27	54,000	1,458,000	45,000	1,215,000	29,160
8		2018/11/4	Microwave	SK003	Mobola	44	32,400	1,425,600	27,000	1,188,000	28,512
9		2018/11/6	Standing Fan	PVC02	Deji	26	21,600	561,600	18,000	468,000	11,232
10		2018/11/7	Desktop PC	BN001	Deji	35	78,000	2,730,000	65,000	2,275,000	54,600
11		2018/11/8	Cooker	SK002	Lara	42	66,000	2,772,000	55,000	2,310,000	55,440
12		2018/11/9	Cooker	SK002	Tunde	48	66,000	3,168,000	55,000	2,640,000	63,360
13		2018/11/10	Desk Fan	PVC03	Mobola	43	19,200	825,600	16,000	688,000	16,512
14		2018/11/11	Printer	BN003	Dupe	31	54,000	1,674,000	45,000	1,395,000	33,480
15		2018/11/13	Standing Fan	PVC02	Mobola	25	21,600	540,000	18,000	450,000	10,800
16		2018/11/14	Desktop PC	BN001	Mobola	43	78,000	3,354,000	65,000	2,795,000	67,080
17		2018/11/15	Washing Machine	SK001	Dupe	50	84,000	4,200,000	70,000	3,500,000	84,000
18		2018/11/16	Laptop	BN002	Iyabo	36	84,000	3,024,000	70,000	2,520,000	60,480
19		2018/11/17	Standing Fan	PVC02	Lara	33	21,600	712,800	18,000	594,000	14,256
20		2018/11/18	Hoover	PVC01	Dupe	34	30,000	1,020,000	25,000	850,000	20,400

圖 4.8 將含有絕對參照的公式往下複製

這種類型的參照就叫做絕對參照。

4.4　混合參照

就如先前提過的，儲存格參照是由相交而形成該儲存格的欄與列構成。因此，若某個儲存格位於 G 欄，第 59 列，其儲存格參照就是 G59，其中 G 為儲存格參照的欄部分，而 59 為列部分。在同一張工作表上，絕不會有兩個儲存格擁有相同的儲存格參照。

當你只需要鎖住欄部分的參照，但讓列部分的參照維持相對形式，或者只需要鎖住列部分的參照，但讓欄部分的參照維持相對形式時，就會形成混合參照。讓我們以下面的例子來說明。

請務必先記住下面這兩件事：

- 首先，唯有當你要將公式複製到別處時，參照架構才具重要性。
- 其次，參照架構的主要作用是為了讓你只輸入公式一次後，就能將之複製到某個儲存格範圍，而這些儲存格都具有類似的相對於作用中儲存格的儲存格參照。

雖然此架構能讓你省下大量的寶貴時間，但它並非絕對必要，若你覺得自己實在很難弄懂這個架構，也是可以忽略它，並以手動方式重複輸入公式。

在此例中（利用同樣的銷售報告來說明），我們試圖比較加價 15%、20% 及 25% 後的銷售成本。各個加價比例的銷售成本是用銷售成本（Cost of Sales）x（1+ 加價比例（Markup））來計算。這樣的銷售成本加價表就如以下螢幕截圖所示：

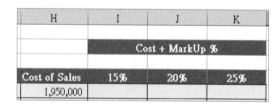

圖 4.9　混合參照的資料集

會使用到混合參照的情況,是當你需要將相同公式往下(列)與橫向
(欄)複製,且需鎖住列參照,只讓欄參照改變,又或者反之,需鎖住欄
參照,只讓列參照改變的時候。

以本例來說,我們只在儲存格 I5 中建立一次公式,接著就把該公式往下
複製到第 6 至第 20 列,並往橫向複製到 J 欄與 K 欄。下面的螢幕截圖便
顯示了將採取混合參照的公式:

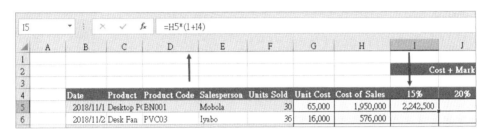

圖 4.10 銷售成本加價 15% 的核心公式

如上面的螢幕截圖所示,其核心公式為「=H5*(1+I4)」。請注意到,該公
式中有兩個必須分開思考的儲存格參照,H5 和 I4。儲存格 H5 為銷售成
本(Cost of Sales)。其欄部分是 H,往右跨欄複製時會需要處理此部分;
列部分則是 5,往下跨列複製時會需要處理此部分。

當我們將公式往下跨列複製時,會希望銷售成本隨著每列的不同記錄自動
改變。也就是說,此參照的列部分,亦即 5,不該被鎖住,應該要維持相
對形式,所以前面不加「$」符號。

而當我們把公式往橫向跨欄複製時,則希望銷售成本維持不變,因為還是
在同一列,只是從一種加價比例換到另一種加價比例罷了。換言之,此參
照的欄部分應該要鎖定在 H,前面要加「$」符號,如此一來從一種加價
比例換到另一種加價比例時,都還是參照到儲存格 H5。於是我們的第一
個參照就該寫成「$H5」。

接著,在儲存格 I4 中的是加價比例 15%。其欄部分為 I,往右跨欄複製時
會需要處理此部分;列部分則是 4,往下跨列複製時會需要處理此部分。

當我們將公式往下跨列複製時，會希望即使隨著每列的記錄不同，這個加價比例 15% 仍維持不變。也就是說，此參照的列部分，亦即 4，應該要鎖定，前面要加「$」符號，這樣才能在我們往下跨列複製時一直都維持參照儲存格 I4。

而當我們將公式朝橫向跨欄複製時，加價比例應該要從 15% 換成 20% 等不同比例。換言之，此參照的欄部分，亦即 I，不該被鎖住，應該要維持相對形式，所以前面不加「$」符號。於是我們的第二個參照就該寫成「I$4」。所以完整的公式應該是「$H5*(1+I$4)」，而以下的螢幕截圖便顯示了這個具有混合參照的完整公式：

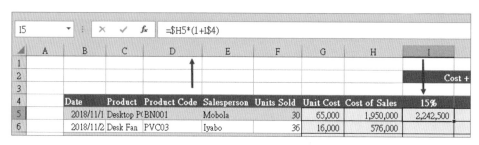

圖 4.11　混合參照公式

同樣地，你並不需要輸入「$」符號。只要利用鍵盤上的 F4 鍵，便能循環切換四種選擇：

1. 以 H5 這個儲存格參照為例，按 F4 鍵一次會在欄部分與列部分之前都加上 $ 符號，變成「$H$5」。

2. 再按 F4 鍵第二次，會切換成只有列部分之前有 $ 符號，變成「H$5」。

3. 再按 F4 鍵第三次，會切換成只有欄部分之前有 $ 符號，變成「$H5」。

4. 而最後按 F4 鍵第四次，則會使參照回復到相對形式，亦即「H5」，沒有 $ 符號的狀態。

現在,將公式往橫向跨欄並往下跨列複製。由下面的螢幕截圖可確認,該公式所複製到的最遠儲存格依舊參照到了正確的儲存格:

	D	E	F	G	H	I	J	K
							Cost + MarkUp %	
1								
2								
3								
4	Product Code	Salesperson	Units Sold	Unit Cost	Cost of Sales	15%	20%	25%
5	BN001	Mobola	30	65,000	1,950,000	2,242,500	2,340,000	2,437,500
6	PVC03	Iyabo	36	16,000	576,000	662,400	691,200	720,000
7	BN003	Dupe	27	45,000	1,215,000	1,397,250	1,458,000	1,518,750
8	SK003	Mobola	44	27,000	1,188,000	1,366,200	1,425,600	1,485,000
9	PVC02	Deji	26	18,000	468,000	538,200	561,600	585,000
10	BN001	Deji	35	65,000	2,275,000	2,616,250	2,730,000	2,843,750
11	SK002	Lara	42	55,000	2,310,000	2,656,500	2,772,000	2,887,500
12	SK002	Tunde	48	55,000	2,640,000	3,036,000	3,168,000	3,300,000
13	PVC03	Mobola	43	16,000	688,000	791,200	825,600	860,000
14	BN003	Dupe	31	45,000	1,395,000	1,604,250	1,674,000	1,743,750
15	PVC02	Mobola	25	18,000	450,000	517,500	540,000	562,500
16	BN001	Mobola	43	65,000	2,795,000	3,214,250	3,354,000	3,493,750
17	SK001	Dupe	50	70,000	3,500,000	4,025,000	4,200,000	4,375,000
18	BN002	Iyabo	36	70,000	2,520,000	2,898,000	3,024,000	3,150,000
19	PVC02	Lara	33	18,000	594,000	683,100	712,800	742,500
20	PVC01	Dupe	34	25,000	850,000	977,500	1,020,000	=$H20*(1+K$4)
21								
22								

SUM 儲存格公式:=$H20*(1+K$4)

圖 4.12 檢查最遠的儲存格以確認公式是否正確

我們永遠都該謹慎地檢查複製的公式所得出的結果是否正確。你可以檢查所複製範圍最右下角的儲存格,以此例來說就是儲存格 K20,該儲存格正確地參照到了儲存格 H20 和 K4。

4.5　總結

在本章裡，我們學到了 Excel 中的參照架構。

我們學到了三種參照類型，相對、絕對與混合參照，以及各個參照類型的使用時機。

我們已瞭解到，這些概念能讓我們在 Excel 中作業時節省大量時間，但只在我們需要將包含一或多個儲存格參照的某個儲存格或儲存格範圍複製到他處時，這些概念才具重要性。

我們還學到了 F4 快速鍵，知道它能如何切換不同的參照形式。

在下一章中，我們將要認識現已整合進 Excel 的一個強大工具 —— Power Query。

Power Query 簡介

Power Query 是 Microsoft Excel 中最具創新性且改變了遊戲規則的功能之一。本章將為各位介紹 Power Query，內容包括其優點以及使用方法的逐步說明。

財務分析師或財務建模師會從各式各樣的來源取得資料。大部分時候，這方面都是無法控制的，故最終你可能不得不處理各種不同格式的資料，像是 .txt、.csv、.xls 和 .pdf 等。而且資料可能是由 Excel 的使用能力與學科領域差異極大的人們所編製。

因此，資料通常會有很多格式和配置上的不一致需要先做處理，才能用於模型。直到 Power Query 出現為止，修正這些錯誤一直是建模工作中最單調乏味的部分之一。

於本章結束時，你將能使用 Power Query 取得並轉換資料，並突破某些存在於 Power Query 之前的資料轉換障礙。

在本章中，我們將說明下列這些主題：

- 注意常見的格式錯誤

- Power Query 是什麼？

- Power Query 的不同用法

- Power Query 的優勢

- 案例示範

5.1　注意常見的格式錯誤

對財務分析師來說，Excel 是個很棒的工具。然而為了利用 Excel 的許多強大功能，我們必須遵守某些協議。

以下是一些常見的格式問題，這些格式上的狀況往往會在使用 Excel 的資料分析工具時帶來障礙：

- **數字被格式化成文字**：當我們輸入資料到 Excel 的儲存格時，在預設狀態下，文字會靠儲存格的左側對齊，而數字和日期則會靠儲存格的右側對齊。這樣 Excel 就能識別數字，並可輕鬆地對該資料套用與數字有關的操作。

  但不幸的是，匯入的資料，甚至是由新手在 Excel 中準備的資料，往往含有被格式化成文字的數字。這會立刻限制你在 Excel 中處理數字的方式，因為很多省時的功能要不無法運作，要不就是會給出奇怪的結果。

- **部分匯總的資料集**：Excel 的分析工具是設計來處理乾淨的資料集，一欄一欄位，一列一記錄。因此，當欄位合併時（例如將實際成果與預期成果分別群組起來，並依區域別顯示銷售額，如圖 5.1 所示），分析工具就無法正確運作，必需要將資料清理乾淨或是取消樞紐才行。

SALESMAN	PRODUCT	North West	ACTUAL South East	Mid Central	North We
Sade	Washing Mch.	24,987	54,926	18,212	26,4
	MW Oven	32,401	51,334	15,286	25,9
	Fridge		51,126	22,502	
	Gas Cooker	28,290	61,865	22,309	29,9
Sade Total		**85,678**	**219,251**	**78,309**	**82,3**
Habiba	Washing Mch.	24,884	57,230	21,310	20,8
	MW Oven	20,619	54,220	19,560	28,7
	Fridge	27,878	62,502		30,8
	Gas Cooker	21,565	55,316	16,479	24,7
Habiba Total		**94,946**	**229,268**	**57,349**	**105,2**

圖 5.1　部分匯總的資料集

- **資料集中的小計**：小計項目非常常見，且往往能藉由打破大量數字的單調來幫助釐清某些資料集，就如圖 5.1，其中的銷售額依據業務員別做了小計。

  但不幸的是，這樣提供的結構化資訊其實非常有限。許多資料分析工具，如樞紐分析表等，都更為靈活、有彈性，能提供更多樣化的呈現與顯示選項。只是資料集必須採用正確的 Excel 格式，不能有任何這裡列出的問題，才能使用這些工具。

  以樞紐分析表來說，一旦設定完成，只要按幾下滑鼠鍵，便能依業務員、產品或區域別來顯示資訊，並在各個顯示方式之間切換。

- **最前方的空格**：這是指除了分隔英文單字等的普通空格外，位在單字或句子開頭處的空格。

  由於 Excel 將空格視為單獨字元，故在處理資料集時，最前方的空格會導致異常發生。例如，數字最前方的空格會強制使 Excel 將該數字視為文字。

  這樣的格式錯誤很難查出，畢竟空格幾乎都看不到，不容易被發現。

  因此，分析師或建模師在使用有時可能變得非常複雜的公式前，往往必須先花費大量時間清理資料，然後才能開始正確地處理資料。

微軟在 2013 年宣佈推出 Power Query，而此舉讓整個資料準備與分析環境產生了變化。以往需要複雜公式的任務，至此都只要敲幾下鍵盤便能輕鬆完成。

前面我們已瞭解一系列的錯誤與問題，這些錯誤與問題有時會讓資料的準備和分析十分乏味而繁瑣，因為必須將其找出並建構複雜的公式來予以修正。接下來我們則要來認識一下 Power Query，並瞭解它如何能簡化整個程序。

5.2　Power Query 是什麼？

Power Query 是個擷取 - 轉換 - 載入（Extract-Transform-Load，ETL）工具，它大大擴展了可匯入至 Excel 的資料來源。Power Query 具備一系列令人驚艷的轉換工具，最重要的是，這些工具不需透過公式就能夠存取並套用。而且終於，有了可以只建立連線的選擇後，比起過去的做法，大大降低了檔案的大小。

使用 Power Query 的第一步，就是將資料匯入（「取得資料」）至 Excel。在 Excel 365 版中，只要點按「資料」功能區中「取得及轉換資料」群組裡的「取得資料」鈕，便可選擇所需來源以匯入資料。

注意事項

從 2010 到 2013 版，都可從 Excel 中的獨立功能區存取 Power Query。但從 2016 版起，Power Query 改以「取得及轉換資料」群組的形式出現在「資料」功能區中。

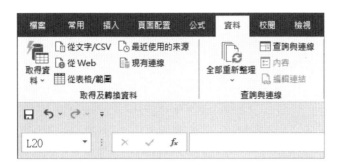

圖 5.2　「取得及轉換資料」群組裡的「取得資料」鈕

在此你可選擇從各式各樣的來源擷取資料，包括：

- 從其他的活頁簿

- 從你裝置上的檔案或資料夾

- 從文字 /CSV 檔

- 從表格 / 範圍

- 從 PDF 檔

- 從網路

- 從資料庫（SQL、Access…等等）

還有一些其他選項可從幾個其他來源擷取資料。

資料會被載入至「Power Query 編輯器」視窗。此視窗和 Excel 的試算表視窗有些類似之處，如圖 5.3 所示：

圖 5.3　「Power Query 編輯器」視窗

你應該會注意到當該編輯器視窗開啟時，你就無法存取其父 Excel 檔案，實際上也無法存取任何其他 Excel 檔案。該編輯器視窗中有「檔案」、「常用」、「轉換」、「新增資料行」及「檢視表」功能區。而其類似之處也就僅止於此。各個功能區中佈滿了各種按鈕，可用來轉換及準備資料，以供最終上傳回 Excel。

其中，「轉換」與「新增資料行」功能區包含幾個類似的指令。其不同之處在於，「轉換」功能區裡的轉換是套用於所選定的欄，但使用「新增資料行」功能區時，則是保持所選定的欄不變，並以轉換後的資料來建立新的欄。在主視窗的左側會列出你已建立之查詢的清單。右側則為「內容」，包括（查詢的）「名稱」及「套用的步驟」。

Power Query 中沒有復原功能。所有操作都被記錄在「套用的步驟」下，而你可以選擇回到先前的任一個步驟去修改，甚至是取消該步驟。不過你必需要意識到，每個步驟都倚賴其前面的步驟，故若你修改或刪除了某個對後續步驟而言必不可少的功能，那麼該步驟就會被標記為錯誤。於是你就必須刪除該錯誤並修改該步驟，或是乾脆完全省略掉該步驟。

你可以繼續用這些功能區裡的各種工具來轉換資料。通常我們的目的是要清理資料，並將資料轉換成恰當、正確的資料集，又或者只是將資料加入至資料模型。

而下一個步驟，便是按「關閉並載入」鈕後，選擇用「關閉並載入至」選項來關閉視窗並載入資料。你可以用 Tab 鍵切換以從多個目的地中選擇一個，如圖 5.4 所示。你可選擇要載入至目前的工作表還是新的工作表，也可選擇要載入為「表格」、「樞紐分析表」、「樞紐分析圖」或是「只建立連線」。

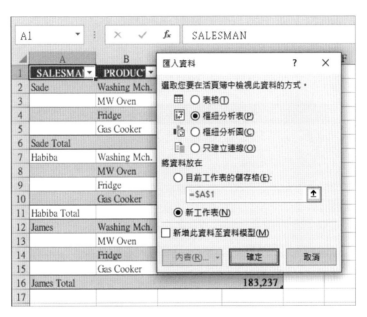

圖 **5.4**　「匯入資料」對話方塊

按下「確定」鈕後，資料便會以你選擇的方式被匯入至 Excel，並成為表格、樞紐分析表…等等。

對重度使用者來說，Excel 有個重大限制，就是一個工作表最多只能有 1,048 ,576 列。但有了 Power Query，你在載入資料模型時就能擁有可用列數不受限制的優勢。

5.3 Power Query 的不同用法

Power Query 極為多才多藝且操作容易，以下便為各位列舉 Power Query
眾多不同用法中的幾個例子：

• **建立連線 / 合併查詢：**

Power Query 最簡單的用法，就是將表格擷取至「Power Query 編輯
器」視窗中，並立刻透過「匯入資料」對話方塊建立連線，如圖 5.4 所
示。然後對一或多個其他表格重複此操作。

接著你就可以使用「資料」功能區中的「取得資料 > 結合查詢 > 合
併」選項，來合併兩個以上具有相同表頭的查詢（如圖 5.5）：

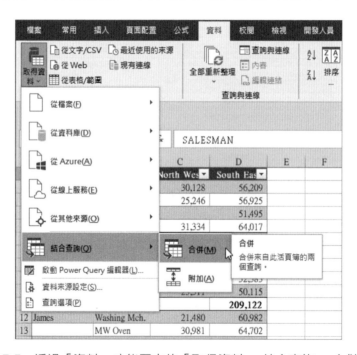

圖 **5.5** 透過「資料」功能區中的「取得資料 > 結合查詢 > 合併」
選項來合併查詢

- **附加查詢**：此選項可讓你將表格附加至另一表格的底端。

  例如，若你有每個月的銷售報告，就可以將一月份和二月份的銷售資料分開上傳至 Power Query，並為兩者分別建立連線。

  接著便能使用「資料」功能區中的「取得資料 > 結合查詢 > 附加」選項，將二月份的銷售資料附加至一月份的銷售資料（如圖 5.5）。

  你可以在每個月的報告送到時重複這樣的程序，繼續將下一個月份的資料附加至新合併的一月與二月銷售資料表中。

- **轉換資料**：上面關於合併與附加查詢的說明，是假設資料送到時並無任何本章先前提到的格式問題（在「注意常見的格式錯誤」一節中）。

  然而情況通常不是如此，你會發現你往往必須在將資料載入至 Power Query 編輯器後對其進行轉換。

以下便是在 Power Query 中為了清理和轉換資料集所採取的一些操作：

- **填滿**：此操作會將儲存格的內容填入至相鄰的空儲存格，通常用於僅輸入一次標題來表示多行記錄，而沒有如正確的 Excel 資料集所要求的那樣為各筆記錄重複輸入標題的情況。在這種情況下，你可使用「填滿 > 向下」選項，將標題填入相關的空儲存格。

  在圖 5.6 的資料中，只輸入了一次 Sade 來表示她所賣出的各個產品（Washing Mch、MW oven、Fridge 和 Gas Cooker）的銷售額，而且其他銷售人員的資料也都如此：

圖 5.6　「填滿」鈕與空儲存格

選取「SALESMAN」欄，然後在「轉換」功能區中選擇「填滿 > 向下」。於是適當的銷售人員名字就會被填入至空的儲存格，如圖 5.7 所示：

圖 5.7　向下填滿空儲存格

- **格式**：按下「轉換」功能區中的這個按鈕可叫出下拉式選單，其中包含多個轉換文字資料的選項，如圖 5.8 所示：

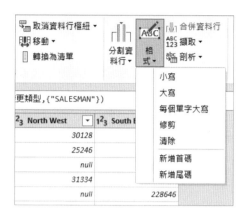

圖 5.8　「轉換」功能區中的「格式」按鈕

有三個選項是用來修改英文字母的大小寫。這些選項非常重要，因為不同於 Excel，Power Query 是會區分大小寫的，另外：

- ✦ 「**修剪**」選項會移除多餘的空格，尤其是最前方的空格。

- ✦ 「**清除**」選項會移除所選欄中不可印刷的字元。

- ✦ 「**新增首碼**」與「**新增尾碼**」選項則會將你指定的文字分別添加到所選欄的開頭或末尾。

- **取消樞紐**：匯入的資料往往帶有一些樞紐化或是部分樞紐化的資料集，以圖 5.9 中的資料為例，其中分別有實際（Actual）、預期（Expected）兩欄，然後又再分為西北（North West）和東南（South East）兩欄。

當資料呈現這樣的狀態時，樞紐分析表或公式會無法按照 Excel 所設計的方式運作。

為了使用這種配置不良的資料，你必須先建構極其複雜的公式，以建立出格式符合樞紐分析表與公式之需求的正確資料集。而 Power Query 大幅簡化了這個清理以修正此種不良配置的程序，只要按幾下滑鼠鍵即可完成。

	A	B	C	D	E	F
1	Sales Report By Salesman and Region					
2						
3						
4			ACTUAL		Expected	
5	SALESMAN	PRODUCT	North West	South East	North West	South East
6	Sade	Washing Mch.	24,129	50,036	28,242	52,866
7		MW Oven	24,303	59,154	28,525	57,733
8		Fridge		58,288		52,288
9		Gas Cooker	33,679	54,487	23,671	52,939
10	Sade Total		**82,111**	**221,965**	**80,438**	**215,826**
11	Habiba	Washing Mch.	20,198	58,189	25,680	58,943
12		MW Oven	33,458	59,809	29,318	57,546
13		Fridge	26,953	62,155	24,543	51,996
14		Gas Cooker	33,510	61,454	23,968	53,641
15	Habiba Total		**114,119**	**241,607**	**103,509**	**222,126**
16	James	Washing Mch.	22,874	60,406	22,485	50,061
17		MW Oven	31,960	63,190	21,208	62,722
18		Fridge	20,703		30,089	
19		Gas Cooker	23,109	60,775	26,307	62,321
20	James Total		**98,646**	**184,371**	**100,089**	**175,104**
21						

圖 5.9　樞紐化／部分樞紐化的資料

Power Query 能讓你取消樞紐，使得實際（Actual）、預期（Expected）、業務員（SALESMAN）、區域（REGION）、產品（PRODUCT）及銷售額（Sales）都各自為一欄，如圖 5.10 所示：

	SALESMAN	PRODUCT	SCENARIO	REGION	SALES
1	Sade	Washing Mch.	ACTUAL	North West	24129
2	Sade	Washing Mch.	ACTUAL	South East	50036
3	Sade	Washing Mch.	Expected	North West	28242
4	Sade	Washing Mch.	Expected	South East	52866
5	Sade	MW Oven	ACTUAL	North West	24303
6	Sade	MW Oven	ACTUAL	South East	59154
7	Sade	MW Oven	Expected	North West	28525
8	Sade	MW Oven	Expected	South East	57733
9	Sade	Fridge	ACTUAL	South East	58288
10	Sade	Fridge	Expected	South East	52288
11	Sade	Gas Cooker	ACTUAL	North West	33679
12	Sade	Gas Cooker	ACTUAL	South East	54487
13	Sade	Gas Cooker	Expected	North West	23671
14	Sade	Gas Cooker	Expected	South East	52939
15	Habiba	Washing Mch.	ACTUAL	North West	20198
16	Habiba	Washing Mch.	ACTUAL	South East	58189
17	Habiba	Washing Mch.	Expected	North West	25680
18	Habiba	Washing Mch.	Expected	South East	58943
19	Habiba	MW Oven	ACTUAL	North West	33458
20	Habiba	MW Oven	ACTUAL	South East	59809
21	Habiba	MW Oven	Expected	North West	29318
22	Habiba	MW Oven	Expected	South East	57546
23	Habiba	Fridge	ACTUAL	North West	26953

圖 5.10　替資料集取消樞紐

Power Query 還有許多其他的轉換工具，我們將在本章後續部分的例子中介紹到一些。

5.4 Power Query 的優勢

雖說很多在 Power Query 中的操作都可用傳統的 Excel 公式辦到，不過 Power Query 還是有幾項優勢令人無法抗拒：

- **從多個來源匯入資料**：使用 Power Query，你就能以許多不同的格式來匯入資料，像是 .txt、.csv、.xls 與 PDF 等。你甚至還能從資料庫及網路擷取資料。

- **簡單容易**：尤其是對那些覺得公式令人卻步的使用者來說，Power Query 提供了一種更簡單、更愉快的方式來完成工作。

  只要按幾下滑鼠鍵，你就能實現複雜公式所能做的事情，甚至還可超越公式。

- **大型資料集**：Power Query 可輕鬆處理具有數千萬列甚至是數億列記錄的資料集。

- **速度**：弄清楚要使用哪些公式來清理資料，然後建構公式，再予以套用，這過程可能相當耗時。但在 Power Query 中，只要按幾下滑鼠鍵便能獲得同樣的結果。

- **檔案大小**：使用 Power Query 建立的檔案，尤其是選擇「只建立連線」者，往往比用公式建立的同等 Excel 檔案小好幾倍。

- **套用的步驟**：這個絕佳功能會將所有已採取的步驟都記錄下來，從匯入資料至 Power Query 到載入轉換後的資料至 Excel。

因此，若你更新原始資料集中的資料，那麼只要按下「重新整理」或「全部重新整理」鈕，資料就會走過所有已套用的步驟，其輸出幾乎是立刻更新，完全不需要再次開啟 Power Query 編輯器就能完成。

而接下來，就讓我們來看一些例子。

5.5 案例示範

來源資料中一些常見錯誤，包括資料的部分匯總，以及一些欄位表頭的分組。在此例中，我們將使用各種工具，包括「取消樞紐」，來清理並轉換資料。

你拿到了一份資料集，內容為各個銷售人員在兩個區域中的銷售額資料。這個資料集裡存在一些問題，包括了小計和表頭不止一列等，如圖 5.11 所示。而你被要求用此資料編製出樞紐分析表。

	A	B	C	D	E	F
1	Sales Report By Salesman and Region					
2						
3						
4			ACTUAL		Expected	
5	SALESMAN	PRODUCT	North West	South East	North West	South East
6	Sade	Washing Mch.	24,129	50,036	28,242	52,866
7		MW Oven	24,303	59,154	28,525	57,733
8		Fridge		58,288		52,288
9		Gas Cooker	33,679	54,487	23,671	52,939
10	Sade Total		**82,111**	**221,965**	**80,438**	**215,826**
11	Habiba	Washing Mch.	20,198	58,189	25,680	58,943
12		MW Oven	33,458	59,809	29,318	57,546
13		Fridge	26,953	62,155	24,543	51,996
14		Gas Cooker	33,510	61,454	23,968	53,641
15	Habiba Total		**114,119**	**241,607**	**103,509**	**222,126**
16	James	Washing Mch.	22,874	60,406	22,485	50,061
17		MW Oven	31,960	63,190	21,208	62,722
18		Fridge	20,703		30,089	
19		Gas Cooker	23,109	60,775	26,307	62,321
20	James Total		**98,646**	**184,371**	**100,089**	**175,104**
21						

圖 5.11　依業務員、產品及區域分類的銷售報告

依以下步驟將此表格載入至 Power Query，轉換資料，然後再載入回 Excel 以做為可供進一步分析的乾淨資料：

1. 第一步是將資料轉換成表格。

   由於這份資料具有多個表頭列（如圖 5.12），故必須取消勾選「我的表格有標題」項目：

ACTUAL		Expected	
North West	South East	North West	South East
24,129	50,036	28,242	52,866

圖 5.12　多個表頭列

2. 選取資料集後，按下 Ctrl + T 鍵，便會彈出「建立表格」對話方塊（如圖 5.13）：

圖 5.13　「建立表格」對話方塊

   按下「確定」鈕，該資料集就會被轉換成第一列為暫代表頭（「欄 1」、「欄 2」…一直到「欄 6」）的表格。現在這些資料已準備好，可送入 Power Query。

3. 先替表格命名，接著選取整個表格，然後按下「資料」功能區中「取得及轉換資料」群組裡的「從表格 / 範圍」鈕。這時便會彈出「Power Query 編輯器」視窗（如圖 5.14）：

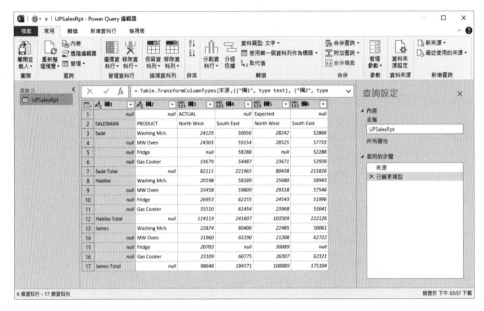

圖 5.14 完整的「Power Query 編輯器」視窗

4. 選取「欄 1」欄,然後在「轉換」功能區中選擇「填滿 > 向下」:

圖 5.15 「填滿 > 向下」

這樣就會將「SALESMAN」欄的空儲存格填滿。

如前所述，我們的表頭有兩列，但在 Power Query 中，我們只能合併欄，無法合併列。因此，我們必須先轉置資料集，讓列變成欄，欄變成列之後，再處理多個表頭列的問題。

5. 在「轉換」功能區中點選「轉置」，便會顯示出轉置後的資料，如圖 5.16 所示。列與欄已被交換、對調：

	Column1	Column2	Column3	Column4	Column5	Column6
1	null	SALESMAN	Sade	Sade	Sade	Sade
2	null	PRODUCT	Washing Mch.	MW Oven	Fridge	Gas Cooker
3	ACTUAL	North West	24129	24303	null	33679
4	null	South East	50036	59154	58288	54487
5	Expected	North West	28242	28525	null	23671
6	null	South East	52866	57733	52288	52939

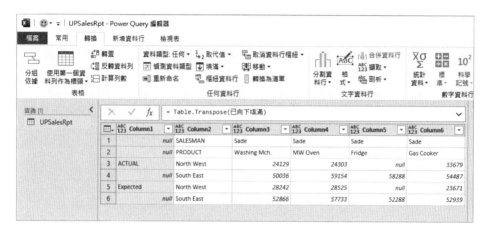

圖 5.16 經轉置後的資料集

6. 再次選取「Column1」，在「轉換」功能區中選擇「填滿 > 向下」，用適當的值將該欄中的空儲存格填滿。

7. 接著，你要找出錨定欄，也就是那些不會被樞紐化的欄。在此例中就是「Column1」與「Column2」。請選取這兩欄，按「轉換」功能區中的「合併資料行」將兩者合併。

	已合併	Column3	Column4
1	;SALESMAN	Sade	Sade
2	;PRODUCT	Washing Mch.	MW Oven
3	ACTUAL;North West	24129	24303
4	ACTUAL;South East	50036	59154
5	Expected;North West	28242	28525
6	Expected;South East	52866	57733

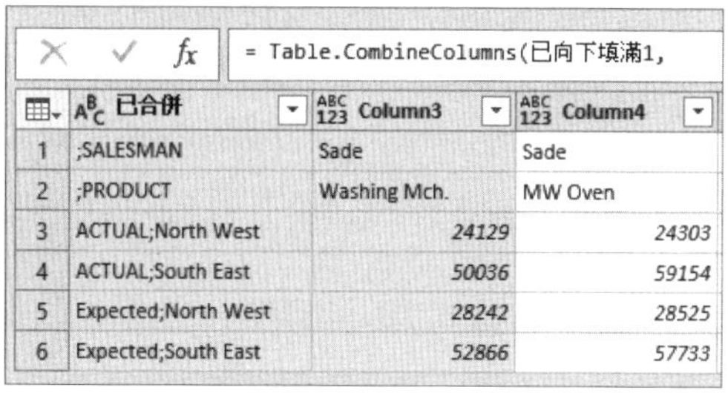

圖 5.17 「Column1」與「Column2」合併成「已合併」欄

現在表頭已群組於同一欄中，我們可將資料集轉置回來，並把第一列提升為表頭（「轉換」功能區中的「使用第一個資料列作為標頭」）：

`= Table.TransformColumnTypes(已將標頭升階,{{";SALESMAN", type text}, {";PRODUCT", type text}, {"ACTUAL;North West",`

	;SALESMAN	;PRODUCT	ACTUAL;North West	ACTUAL;South East	Expected;North West	Expected;South East
1	Sade	Washing Mch.	24129	50036	28242	52866
2	Sade	MW Oven	24303	59154	28525	57733
3	Sade	Fridge	null	58288	null	52288
4	Sade	Gas Cooker	33679	54487	23671	52939
5	Sade Total	null	82111	221965	80438	215826
6	Habiba	Washing Mch.	20198	58189	25680	58943
7	Habiba	MW Oven	33458	59809	29318	57546
8	Habiba	Fridge	26953	62155	24543	51996
9	Habiba	Gas Cooker	33510	61454	23968	53641
10	Habiba Total	null	114119	241607	103509	222126
11	James	Washing Mch.	22874	60406	22485	50061
12	James	MW Oven	31960	63190	21208	62722
13	James	Fridge	20703	null	30089	null
14	James	Gas Cooker	23109	60775	26307	62321
15	James Total	null	98646	184371	100089	175104

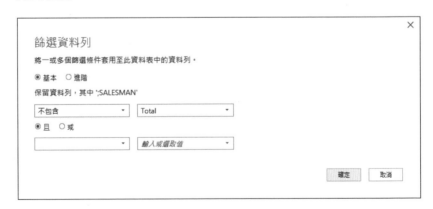

圖 5.18 轉置回來後，將第一列提升為表頭

你可能已注意到，我們還需要移除各個業務員的小計資料。

8. 請點按「SALESMAN」表頭旁的下拉式選單箭頭，選擇其中的「文字篩選 > 不包含」。

9. 然後在「篩選資料列」對話方塊中，選擇只包含那些不以「Total」結尾的記錄：

圖 5.19 篩選列 / 記錄

如此一來，含有小計的列就會被篩除，如下圖所示：

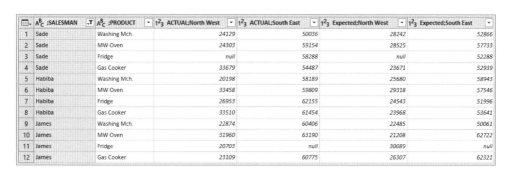

圖 5.20　移除小計

此篩選器不像 Excel 中的篩選器只會適當地篩選清單內容，並不刪除
任何內容。在此例中，被篩除的記錄就會被移除。

我們現在可以動手替資料取消樞紐了。

10. 一般來說，我們只會替含值的欄取消樞紐，不會替文字欄取消樞紐。
故請選取此例中四個含值的欄，然後點選「轉換」功能區中的「取消
資料行樞紐 > 只取消所選資料行的樞紐」。

或者你也可以選取文字欄，以此例來說就是前兩欄，然後點選「轉
換」功能區中的「取消資料行樞紐 > 取消其他資料行樞紐」（譯註：
此例必須採用「取消其他資料行樞紐」的做法，後續步驟 13 的自動
更新才能順利完成）。

圖 5.21 取消樞紐後的資料

剩下的就是分割「屬性」欄並整理標題了。

在此以「常用」功能區中的「分割資料行 > 依分隔符號」來分割「屬性」欄，而所指定的分隔符號就是一開始合併欄時所指定的符號。

圖 5.22　分割「屬性」欄

11. 最後，你可點選「常用」功能區中的「關閉並載入 > 關閉並載入至」選項，選擇在新工作表上建立樞紐分析表。

接著你就會被帶回到 Excel，而新的工作表上建立出了一個樞紐分析表。

12. 請編排該樞紐分析表，將業務員（SALESMAN）和產品（PRODUCT）拖曳至「列」方塊，將情境（SCENARIO）和區域（REGION）拖曳至「欄」方塊，並將銷售額（SALES）拖曳至「值」方塊，呈現為如圖 5.23 的狀態：

	A	B	C	D	E	F	G
1	加總 - SALES		SCENARIO ▾				
2			⊟ACTUAL		⊟Expected		總計
3	SALESMAN ▾	PRODUCT	North West	South East	North West	South East	
4	⊟Habiba	Fridge	26953	62155	24543	51996	165647
5		Gas Cooker	33510	61454	23968	53641	172573
6		MW Oven	33458	59809	29318	57546	180131
7		Washing Mch.	20198	58189	25680	58943	163010
8	Habiba 合計		114119	241607	103509	222126	681361
9	⊟James	Fridge	20703		30089		50792
10		Gas Cooker	23109	60775	26307	62321	172512
11		MW Oven	31960	63190	21208	62722	179080
12		Washing Mch.	22874	60406	22485	50061	155826
13	James 合計		98646	184371	100089	175104	558210
14	⊟Sade	Fridge		58288		52288	110576
15		Gas Cooker	33679	54487	23671	52939	164776
16		MW Oven	24303	59154	28525	57733	169715
17		Washing Mch.	24129	50036	28242	52866	155273
18	Sade 合計		82111	221965	80438	215826	600340
19	總計		294876	647943	284036	613056	1839911

圖 5.23 載入至新工作表上的樞紐分析表

Power Query 的真正魅力其實在下一步，也就是能夠帶入新資料。

你被告知中區（Mid Central）的銷售資料現已可用，而他們希望你更新查詢以納入這批資料。

ACTUAL	Expected
Mid Central	**Mid Central**
87,492	84,324
80,256	93,684
83,106	89,635
92,651	84,218
343,505	**351,861**
90,240	96,561
84,747	84,772
98,178	89,073
91,386	80,610
364,551	**351,016**
84,050	88,247
91,025	97,826
81,560	95,997
94,775	97,663
351,410	**379,733**

圖 5.24 額外增加的資料

額外增加的資料，如圖 5.24 所示，包含有中區的實際（Actual）及預期（Expected）銷售成果。

	SALESMAN	PRODUCT	ACTUAL			Expected		
			North West	South East	Mid Central	North West	South East	Mid Central
7	Sade	Washing Mch.	24,987	54,926	87,492	28,242	52,866	84,324
8		MW Oven	32,401	51,334	80,256	28,525	57,733	93,684
9		Fridge		51,126	83,106		52,288	89,635
10		Gas Cooker	28,290	61,865	92,651	23,671	52,939	84,218
11	Sade Total		**85,678**	**219,251**	**343,505**	**80,438**	**215,826**	**351,861**
12	Habiba	Washing Mch.	24,884	57,230	90,240	25,680	58,943	96,561
13		MW Oven	20,619	54,220	84,747	29,318	57,546	84,772
14		Fridge	27,878	62,502	98,178	24,543	51,996	89,073
15		Gas Cooker	21,565	55,316	91,386	23,968	53,641	80,610
16	Habiba Total		**94,946**	**229,268**	**364,551**	**103,509**	**222,126**	**351,016**
17	James	Washing Mch.	22,874	60,406	84,050	22,485	50,061	88,247
18		MW Oven	31,960	63,190	91,025	21,208	62,722	97,826
19		Fridge	20,703		81,560	30,089		95,997
20		Gas Cooker	23,109	60,775	94,775	26,307	62,321	97,663
21	James Total			**184,371**	**351,410**	**100,089**	**175,104**	**379,733**

圖 5.25　將新區域的資料更新至原始表格中

13. 一旦原始的資料集已更新，那麼只要按下「資料」功能區中「查詢與連線」群組裡的「全部重新整理」鈕，經轉換後的樞紐分析表便會在幾秒內自動更新完成：

	A	B	C	D	E	F	G	H	I
1	加總 - SALES		SCENARIO						
2			⊟ACTUAL			⊟Expected			總計
3	SALESMAN	PRODUCT	North West	South East	Mid Central	North West	South East	Mid Central	
4	⊟Habiba	Fridge	26953	62155	98178	24543	51996	89073	352898
5		Gas Cooker	33510	61454	91386	23968	53641	80610	344569
6		MW Oven	33458	59809	84747	29318	57546	84772	349650
7		Washing Mch.	20198	58189	90240	25680	58943	96561	349811
8	Habiba 合計		114119	241607	364551	103509	222126	351016	1396928
9	⊟James	Fridge	20703		81560	30089		95597	228349
10		Gas Cooker	23109	60775	94775	26307	62321	97663	364950
11		MW Oven	31960	63190	91025	21208	62722	97826	367931
12		Washing Mch.	22874	60406	84050	22485	50061	88247	328123
13	James 合計		98646	184371	351410	100089	175104	379733	1289353
14	⊟Sade	Fridge		58288	83106		52288	89635	283317
15		Gas Cooker	33679	54487	92651	23671	52939	84218	341645
16		MW Oven	24303	59154	80256	28525	57733	93684	343655
17		Washing Mch.	24129	50036	87492	28242	52866	84324	327089
18	Sade 合計		82111	221965	343505	80438	215826	351861	1295706
19	總計		294876	647943	1059466	284036	613056	1082610	3981987

圖 5.26　更新後的樞紐分析表

之所以能夠像這樣自動更新，是因為更新後的原始表格通過了被記錄在 Power Query 編輯器中「套用的步驟」區裡的處理步驟：

圖 5.27　套用的步驟

接下來的第二個例子，將示範從資料夾中取得資料。假設「SalesreportA」資料夾中含有三個檔名為 Jan-21b、Feb-21b 及 Mar-21b，分別為一月份、二月份和三月份的銷售報告檔案：

圖 5.28　資料夾中的檔案

各個檔案裡分別列出了對應月份的銷售報告，顯示了業務員、產品及各區域的銷售額，且格式都相同，如圖 5.29 所示：

	A	B	C	D	E
1	**SALESMAN**	**PRODUCT**	**North West**	**South East**	
2	Sade	Washing Mch.	24,987	54,926	
3	Sade	MW Oven	32,401	51,334	
4	Sade	Fridge		51,126	
5	Sade	Gas Cooker	28,290	61,865	
6	Sade Total		**85,678**	**219,251**	
7	Habiba	Washing Mch.	24,884	57,230	
8	Habiba	MW Oven	20,619	54,220	
9	Habiba	Fridge	27,878	62,502	
10	Habiba	Gas Cooker	21,565	55,316	
11	Habiba Total		**94,946**	**229,268**	
12	James	Washing Mch.	34,474	57,974	
13	James	MW Oven	24,682	63,599	
14	James	Fridge	26,230		
15	James	Gas Cooker	28,483	58,306	
16	James Total		**113,869**	**179,879**	
17					
18					
19					
20					
21					
22					

Data ⊕

圖 5.29 　檔案內容的格式

你必須清理資料，然後在一月份的資料後面附加二月份的資料、三月份的資料，以形成一個連續的報告，接著再將該報告載入至新工作表上的樞紐分析表。最後，你還將把含有四月份資料的檔案，複製到其他三個月份資料所在的同一資料夾中，而當你重新整理時，Power Query 就會自動以乾淨的格式將新資料附加至樞紐分析表：

1. 第一步是開啟新的活頁簿檔案，然後將資料擷取至 Power Query。請在「資料」功能區中選取「取得資料 > 從檔案 > 從資料夾」：

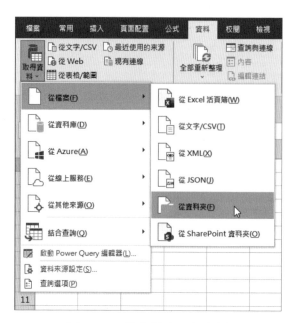

圖 5.30　從資料夾取得資料

2. 這時會彈出檔案總管視窗讓你瀏覽硬碟中的檔案與資料夾，請瀏覽至
   正確的位置並選取「SalesreportA」資料夾：

圖 5.31　檔案總管視窗

選取該資料夾並按下「開啟」鈕，接著便彈出一對話方塊，其中顯示
了所選取資料夾中所有檔案的詳細資訊與屬性：

D:\SalesreportA

Content	Name	Extension	Date accessed	Date modified	Date created	Attributes	Folder Path
Binary	Feb-21b.xlsx	.xlsx	2022/12/8 下午 03:57:39	2022/8/22 上午 04:53:38	2022/12/8 下午 03:57:39	Record	D:\SalesreportA\
Binary	Jan-21b.xlsx	.xlsx	2022/12/8 下午 03:57:39	2022/12/8 上午 11:34:25	2022/12/8 下午 03:57:39	Record	D:\SalesreportA\
Binary	Mar-21b.xlsx	.xlsx	2022/12/8 下午 03:57:39	2022/8/22 上午 04:53:38	2022/12/8 下午 03:57:39	Record	D:\SalesreportA\

圖 **5.32**　所選取資料夾中的檔案的屬性

而可用的選項顯示在對話方塊的底端：

圖 **5.33**　從資料夾取得資料對話方塊底端的選項

3. 如果資料的格式已經符合需求，我們就只要選取「合併」與「載入」，或選取「合併」加上「載入至」，Power Query 就會繼續進行附加檔案的程序。

但很可惜，本例的資料含有依區域匯總的銷售額，以及依業務員做的小計，亦即已有部分被樞紐化。這會使樞紐分析表和公式無法依其設計的方式運作。因此，我們要先轉換資料後，再將其載入至 Excel。請點選「轉換資料」。

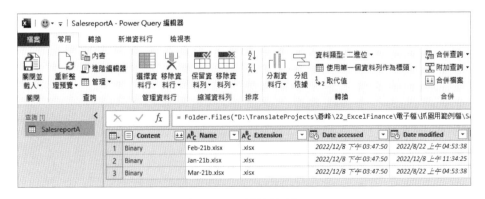

圖 **5.34**　轉換資料

目前的資料夾中只含有我們想要附加的 Excel 檔。

但之後我們會新增內容到該資料夾，故必須確保每次重新整理資料時，都只有我們需要的檔案類型會被載入至查詢。

4. 為此，我們必須篩選「Extension」（副檔名）欄，只擷取以「.xls」起頭的檔案：

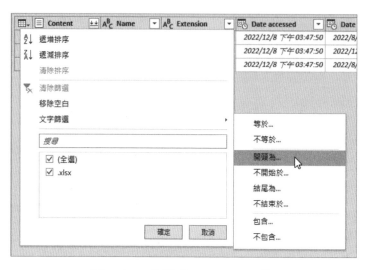

圖 5.35 篩選「Extension」欄

5. 點按「Extension」欄的表頭旁的篩選鈕，選擇其中的「文字篩選 > 開頭為」，如圖 5.35 所示。

圖 5.36 篩選出副檔名以「.xls」開頭的檔案

在「篩選資料列」對話方塊中，於「開始於」旁的方塊裡輸入「.xls」。這樣就能確保只有以下這些副檔名的檔案會被擷取：.xls、.xlsx、.xlsb 及 .xlsm。接著按「確定」鈕。

6. 你會發現，當我們在步驟 3 按下「轉換資料」後，額外建立出了一個欄，如圖 5.34 所示。該欄的表頭為「Content」，且表頭旁有個雙箭頭朝下的圖示鈕：

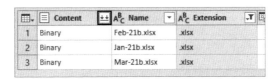

圖 **5.37**　「Content」欄

每個 Binary 儲存格實際上包含了在各個檔案中找到的資料表格。

7. 點按該雙箭頭朝下圖示鈕，這時會彈出「合併檔案」對話方塊：

圖 **5.38**　「合併檔案」對話方塊

8.　在「合併檔案」對話方塊中有個「範例檔案」下拉式選單中，其中的
　　第一個選項是「第一個檔案」，然後接著列出在所選資料夾中各個檔
　　案的檔名。你必須選取你希望 Power Query 使用的檔案做為範例，在
　　其上實現你所需要的轉換（若有的話）。然後其他檔案便會自動以同
　　樣方式被轉換。由於我們的三個檔案格式都相同，故你可直接選擇預
　　設選項（「第一個檔案」），也就是在該目錄的檔案清單中最先出現的
　　檔案。

9.　「顯示選項」部分會列出在該範例檔中找到的工作表索引標籤名，而
　　當你點選「Data」（這個範例檔中唯一的索引標籤），該工作表的內容
　　便會顯示於右側。接著按下「確定」鈕。

10.　這時「Power Query 編輯器」視窗便會彈出，並載入範例檔，而其他
　　檔案則附加於其下：

圖 5.39　Power Query 編輯器

有個新的欄被建立出來，表頭標題為「Source.Name」，其中含有各筆記錄的檔名與副檔名。由於檔名包含月份與年份，故我們要從檔名擷取出日期。

而圖 5.39 右側的「套用的步驟」列出了至此為止已採取的操作，正是這些操作讓資料呈現為該圖中編輯視窗裡的樣貌。

11. 選取「Source.Name」欄，在「轉換」功能區的「文字資料行」群組中點選「擷取」:

圖 5.40　擷取分隔符號前的文字

12. 然後選取下拉式選單中的「分隔符號前的文字」。

這時便彈出「分隔符號前的文字」對話方塊：

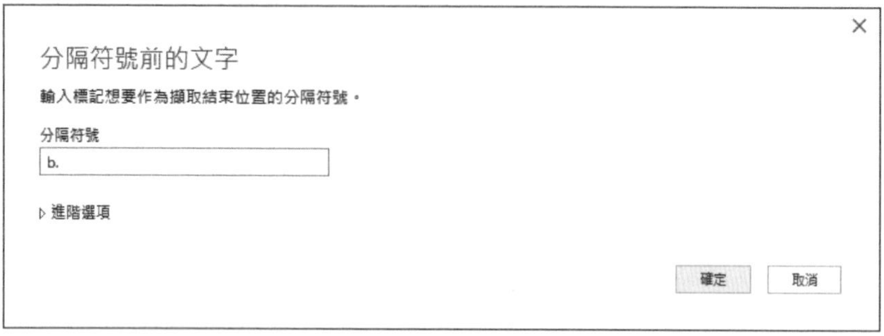

圖 5.41　「分隔符號前的文字」對話方塊

13. 這些資料來源檔的檔名具有標準格式，都類似「Feb-21b.xslx」這樣，也就是在「b.xslx」之前緊接著月份與年份。我們要從接在日期之後的字元中選擇分隔符號。而在這麼做時，我們應該要意識到，這個動作和其他步驟一樣，將會套用至所有其他之後被加入至該資料夾的檔案。

在意識到這點的狀態下，我們可選擇以「b.」為分隔符號，從而指示 Power Query 擷取「b.」之前的所有字元。

14. 按下「確定」鈕關閉對話方塊後，日期（即月與年）便從檔名中被擷取出來。你應該有注意到，「新增資料行」功能區所包含的大部分指令也都存在於「轉換」功能區中。不同處在於，「轉換」功能區裡的指令會替換掉原始內容，而「新增資料行」功能區裡的相同指令則會建立新的欄，並將轉換後的資料放入其中，故會完整保留原始資料。

如圖 5.42 所示，現在我們的「Source.Name」欄就只含有日期了。接著選取要取消樞紐的欄，亦即「North West」和「South East」欄：

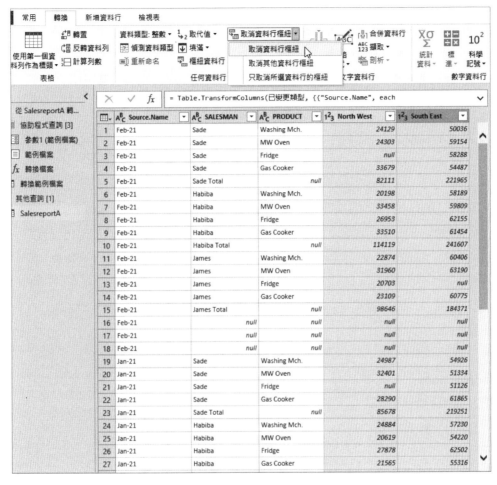

圖 5.42　選取欄以取消樞紐

15. 在「轉換」功能區中，點選「取消資料行樞紐 > 取消資料行樞紐」。

16. 所選取的欄就被取消樞紐了。繼續再選取「SALESMAN」欄進行篩選，點按該表頭旁的下拉式選單箭頭選取「文字篩選 > 不結束於」選項：

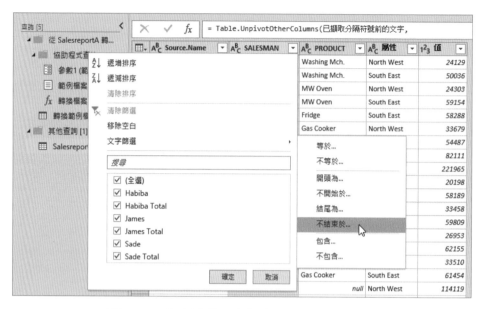

圖 5.43 指定以「不結束於」的條件進行篩選

17. 在隨之彈出的「篩選資料列」對話方塊中，於「不結束於」旁的方塊中輸入「Total」後，按「確定」鈕。這樣就能移除以 Total 結尾的小計列，以及目前顯示為「Null」的空列：

圖 5.44 只留下不以「Total」結尾的列

18. 現在，將「Source.Name」欄更名為「Date」（在欄名上按滑鼠右鍵，選「重新命名」），並將其「資料類型」更正為「日期」（在欄名上按滑鼠右鍵，選「變更類型 > 日期」）。此外也將「屬性」欄更名為「REGION」，並為此查詢設定一個合適的名稱 ——「CombinedSales」。

19. 最後，點選「常用」功能區中的「關閉並載入 > 關閉並載入至」選項以建立樞紐分析表：

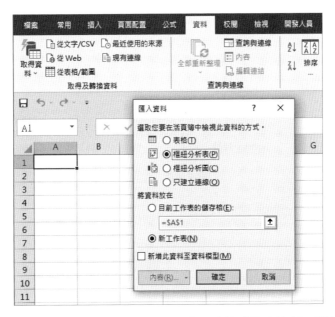

圖 5.45 　點選「關閉並載入至」選項後開啟的「匯入資料」對話方塊

20. 在「匯入資料」對話方塊中，選擇於新工作表上建立樞紐分析表後，按「確定」鈕，樞紐分析表便會出現在新的工作表上。請適當編排樞紐分析表，使之顯示出每個業務員每月在各區域的產品銷售額：

	A	B	C	D	E	F
2	月份 ▼	SALESMAN	PRODUCT	North West	South East	總計
3	⊟1月	⊟Habiba	Fridge	27878	62502	90380
4			Gas Cooker	21565	55316	76881
5			MW Oven	20619	54220	74839
6			Washing Mch.	24884	57230	82114
7		Habiba 合計		94946	229268	324214
8		⊟James	Fridge	26230		26230
9			Gas Cooker	28483	58306	86789
10			MW Oven	24682	63599	88281
11			Washing Mch.	34474	57974	92448
12		James 合計		113869	179879	293748
13		⊟Sade	Fridge		51126	51126
14			Gas Cooker	28290	61865	90155
15			MW Oven	32401	51334	83735
16			Washing Mch.	24987	54926	79913
17		Sade 合計		85678	219251	304929
18	⊟2月	⊟Habiba	Fridge	26953	62155	89108
19			Gas Cooker	33510	61454	94964
20			MW Oven	33458	59809	93267
21			Washing Mch.	20198	58189	78387
22		Habiba 合計		114119	241607	355726

圖 5.46　樞紐分析表

21. 接下來，我們要把四月份的資料也納入：

圖 5.47　將四月份的資料檔複製到「SalesreportA」資料夾

22. 我們所需做的，就只是把包含四月份資料的檔案，複製並貼入至前 3 個月資料所在的資料夾：

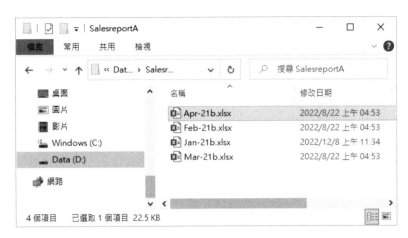

圖 **5.48**　將新檔案貼入至含有其他資料檔的目標資料夾

23. 然後在 Excel 的「資料」功能區中點選「全部重新整理 > 重新整理」，則該樞紐分析表便會自動將四月份的資料更新進去：

	A	B	C	D	E	F
2	月份	SALESMAN	PRODUCT	North West	South East	總計
3	⊞1月			294493	628398	922891
4	⊞2月			294876	647943	942819
5	⊞3月			300014	643288	943302
6	⊟4月	⊟Habiba	Fridge	25366	52383	77749
7			Gas Cooker	25311	50115	75426
8			MW Oven	23846	51854	75700
9			Washing Mch.	33758	54770	88528
10		Habiba 合計		108281	209122	317403
11		⊟James	Fridge	22405		22405
12			Gas Cooker	29326	57553	86879
13			MW Oven	30981	64702	95683
14			Washing Mch.	21480	60982	82462
15		James 合計		104192	183237	287429
16		⊟Sade	Fridge		51495	51495
17			Gas Cooker	31334	64017	95351
18			MW Oven	25246	56925	82171
19			Washing Mch.	30128	56209	86337
20		Sade 合計		86708	228646	315354
21	總計			1188564	2540634	3729198
22						

圖 **5.49**　更新後的樞紐分析表

四月份的資料現已被清理乾淨並整合至主要的樞紐分析表中。

5.6 總結

在本章中，我們介紹了一些發生在資料裡的錯誤與問題，而這些錯誤與問題會使得以傳統公式準備資料變成乏味而繁瑣的例行公事。我們已學到 Power Query 如何能讓這項活動變得更輕鬆愜意，並將其重點從可能令許多人敬而遠之的複雜公式，轉移到簡單的滑鼠點按。

在此我們只介紹了 Power Query 的部分用法。你還可以用它來做很多其他的事情，像是從網路擷取資料、從 PDF 檔擷取資料，以及利用一大堆我們還未提到過的其他轉換工具。

最後，Power Query 具有它自己專用的語言，叫 M 語言，可用來撰寫公式並進一步擴充其功能。

在下一章中，我們將看看為了確保自己瞭解專案任務，該要採取哪些行動，以及如何建立假設。

用 DCF 評價法建立整合性的
三大報表財務模型

當財務模型中的各個部分,以一種任何更動都會波及整個模型並更新所有相關值的方式連結在一起時,它就是個整合性的財務模型。在這一篇中,我們將帶領各位有系統地體驗建構模型的各個階段。

此篇包含以下章節:

CHAPTER

06

瞭解專案並建立假設

在財務建模的領域中,並不存在放諸四海皆準的萬能做法。財務模型不論在規模大小、用途還是複雜度方面,都可能有很大差異。評價模型與貸款還款模型有很大的不同。為了擴展業務而建立的模型,不同於為了處置一項業務而建立的模型。為了讓某人對企業的價值有個大略概念而建立的模型,其複雜度遠不及為了支持私募或首次公開發行公司股票而建立的模型。當你被要求建立模型時,你必須瞭解該模型的範圍與目的。不論你的模型有多棒,若是無法滿足使用者的需求,它就沒用。

在本章中,你將學習如何分析專案並瞭解專案的目的為何。你還將學習如何對過去的成長原因建立假設,並運用成長驅動因素來預測未來的成長。

在本章中,我們將說明下列這些主題:

- 瞭解專案的性質與目的,並與管理階層討論

- 建立假設

- 選擇損益表的成長驅動因素

- 選擇資產負債表的成長驅動因素

6.1 瞭解專案的性質與目的，並與管理階層討論

為了確定專案的性質與目的，你需要回答以下這些問題：

- 此專案是要做什麼？

- 你是要評估價值，還是要進行預測，又或是兩者都要？

- 此專案的重點或範圍為何？

- 你是將該業務視為一個整體、企業的一部分，或者某個特定的資產、廠房或設備？

- 目標受眾是誰？

- 此專案是供內部或個人使用，還是要展示給更廣泛的觀眾？

- 此專案是針對特定、具豐富知識的觀眾，還是針對一般大眾所準備的？

- 此專案是否有任何專業或技術的部分需要你請來該領域的專家參與？

以上這些問題的答案，都將對你處理模型的方式、你所建立的模型類型及其詳細程度產生影響。

◉ 進行訪談

在執行建模任務時，你應該要花大量的時間與客戶的管理階層討論。

人們在被找去與專業人士討論時，通常都會有些擔憂，故你需要緩和他們的恐懼，並為你的討論創造一個不具威脅的環境。你要讓他們瞭解，他們是專家，而你需要他們的幫助才能理解其業務。

這些訪談將幫助你瞭解他們為何決定要編製財務模型。他們應該要介紹他們公司的歷史，包括已採行的關鍵政策決定，以及這些決定對公司業績的影響。

你會需要評估關鍵的管理人員，並衡量可以對他們的說法信賴到什麼程度。你需要盡可能將討論內容徹底記錄下來，並依需要與客戶做進一步的訪談。

6.2　建立假設

財務模型可被定義為一組為了預測企業未來的業績成果、財務狀況以及現金流量的數學假設集合，且通常帶有實現企業價值之目的。

建立可靠的假設是模型成功可行的關鍵。

下面是一份快速檢核表，你的假設應要符合以下這些條件：

- 以過去的真實數字為基礎

- 實際的

- 說明得很清楚

- 可輕易驗證

- 有正確妥善地記錄

- 在模型中與計算而成的儲存格有明顯的外觀差異（通常採用不同的字體）

接著讓我們更進一步深入瞭解建構假設的歷史與基礎。

◉ 過去的歷史資料

建構將用於預測公司接下來 5 年之業績成果的假設基礎，就在於該公司過去的財務狀況。故你需要為此取得該公司 3 或 5 年份的財務報表。理想上，你要取得 Excel 格式的會計帳目電子檔副本。然而不幸的是，通常你能夠拿到的都是紙本的副本或 PDF 檔。即使資料是 Excel 或 CSV 格式，其配置很可能還是需要修改才能符合你偏好的配置方式。

因此你要準備好找個辦法，把這些會計帳目弄進 Excel 裡，並且配置成適合模型的狀態。過去這通常代表了你必須再次輸入帳目內容，但隨著 Power Query 的問世，你現在可以從各種來源匯入資料，包括 PDF 檔和網路。關於 Power Query 的介紹，請參閱「第 5 章，Power Query 簡介」。

你需要擷取各個年度的資產負債表和損益表。這些歷史財務資料極為重要，因為除了構成假設與預測的基礎外，在需要除錯時，它們也將扮演非常重要的角色。由於我們將把同樣的概念與公式用於所預測的年份，因此使用一組完整且平衡的會計帳目做為起點會很有幫助。

◉ 一般通用的假設

你的模型的整體假設，是該業務將能夠獲利，且現金流最終會是正值。

此外你也假設該業務會持續經營（在可預見的未來，能夠償還到期的債務），且你已取得或收到的關於競爭對手和預計成本與收益的資訊是正確的。

◉ 損益表和資產負債表的假設

當你在建立財務報表假設時，是從找出成長驅動因素開始。這裡所謂的成長驅動因素，是指那些最能夠捕捉過去 3 至 5 年個別項目之成長趨勢的指數或指標。

在執行這項任務時，你需要考量決策的成本效益，尤其是在處理非物質的項目時。有時候，只要一個簡單的最佳判斷預測就夠了。

6.3　選擇損益表的成長驅動因素

營業額是損益表中最顯眼的項目。因此聚焦於找出營業額的驅動因素，然後將一些不那麼重要的直接費用與預計營業額關連起來是有意義的。

適當的驅動因素可能是年增率或通貨膨脹，又或者是複合年均成長率（CAGR）。接著讓我們再更詳細地瞭解一下年增率與複合年均成長率這兩個驅動因素。

⊙ 年增率

這就只是從一個年度到下一個年度的成長比率罷了，通常以百分比表示。
從第 1 年到第 2 年的營業額年增率可如下計算：

$$營業額年增率 = \frac{營業額（第 2 年）- 營業額（第 1 年）}{營業額（第 1 年）}$$

而此算式可簡化為如下：

$$營業額年增率 = \frac{營業額（第 2 年）}{營業額（第 1 年）} - 1$$

這將為第 2 年提供營業額的歷史成長驅動因素。

第 3 年的成長驅動因素則為如下：

$$營業額年增率 = \frac{營業額（第 3 年）}{營業額（第 2 年）} - 1$$

你將以這種方式為每個過去的年度計算成長驅動因素（除了第 1 年之外，因為沒有前一年可考量）。

⊙ 複合年均成長率（CAGR）

為了理解 CAGR，你必須懂得複利計算的概念。

若你以 10％的年利率投資新台幣 1 億元，那你就會預期在該年的年底收到新台幣 1000 萬元（1 億元的 10％）的利息。接著在第 2 年的年底，你又會再收到一筆新台幣 1000 萬元的利息，就這樣每年一直收下去。

但假設，在第 1 年的年底時，你決定不要提取那新台幣 1000 萬元的利息，而是把該利息再投資進去，那麼在第 2 年的年初，你就是以 10％的年利率投資了新台幣 1 億元 +1000 萬元，亦即共新台幣 1 億 1000 萬元。於是在第 2 年的年底，你會收到 1100 萬元的利息（1 億 1000 萬元的 10％）。接

著到了第 3 年年初，你就是以 10% 的年利率投資了新台幣 1 億 1000 萬元 +1100 萬元，亦即共新台幣 1 億 2100 萬元，之後每年皆以此類推。

請注意到，比起每年年底領走利息的方式，多年的複利累積能提供更高的整體報酬。而你也可以說，你今天的新台幣 1 億元在第 1 年結束時值 1 億 1000 萬元，在第 2 年結束時值 1 億 2100 萬元…等等。今天的錢到了明天更有價值；今天的新台幣 1 億元到了明天，價值會超過 1 億元。年增率很少會持續多個期間都固定不變，通常每年都不一樣。

實際上你可能會遇到如以下螢幕截圖所示的情況：

		Yr1	Yr2	Yr3	Yr4	Yr5
Revenue		150	280	320	350	450
Year on Year Growth			87%	14%	9%	29%

(儲存格公式列顯示：$fx = (D4-C4)/C4$，選取儲存格 D 欄)

圖 **6.1** 年增率的計算

CAGR 是個指標，用於將多個時期的不同增長率轉換為所有時期的單一增長率。

某個項目的 CAGR，是採用該項目在第 1 年的價值，與其在最後 1 年的價值，並假設為複利，以此算出該期間的年增率。

CAGR 的公式如下：

$$在第~1~年的價值 = V1~;$$
$$在第~2~年的價值為~~V2 = V1 \times (1+r)~~;$$
$$其中的~r~就是~GAGR$$

我們可將等式右側的 V1 分離出來以簡化算式，如下：

$$V2 = V1 \times (1+r)$$

因此在第 3 年的價值便是：

$$V3 = V2 \times (1 + r)$$

而將 V2 的值代入至以上的等式中，就會得到如下的算式：

$$V3 = V1 \times (1 + r) \times (1 + r) = V1 \times (1 + r)^2$$

現在，V4 為如下：

$$V4 = V3 \times (1 + r)$$

將 V3 的值代入，則得到如下算式：

$$V4 = V1 \times (1 + r) \times (1 + r) \times (1 + r) = V1 \times (1 + r)^3$$

由此可導出以下的通用公式：

$$V_n = V1 \times (1 + r)^{n-1}$$

其中的 n 代表年份。

我們採取以下步驟來重新整理公式，使 r 成為公式的主題：

$$V1 \times (1 + r)^{n-1} = V_n$$

把 V1 移到等式的右側，於是右邊就變成 $V_n/V1$：

$$(1 + r)^{n-1} = \frac{V_n}{V1}$$

再把次方數移往等式的另一邊，於是它就變成 1/（n-1）：

$$1 + r = \left[\frac{V_n}{V1}\right]^{\frac{1}{n-1}}$$

這樣就得到了如下的 CAGR 公式：

$$r = \left[\frac{V_n}{V1}\right]^{\frac{1}{n-1}} - 1$$

而這可以清楚完整地寫成如下：

$$\left[\frac{\text{第 } n \text{ 年的值}}{\text{第 1 年的值}}\right]^{\frac{1}{n-1}} - 1$$

其中的 n 為總年數。

如此一來，這個例子中收益（Revenue）的複合年均成長率（CAGR）便為如下：

$$\left[\frac{\text{最後 1 年的值}}{\text{第 1 年的值}}\right]^{\frac{1}{4}} - 1$$

在 Excel 中，次方數（指數）是以「^」符號來表示。所以 2^2 在 Excel 裡寫成「2^2」。

以下的螢幕截圖便顯示了輸入在 Excel 中的 CAGR 公式：

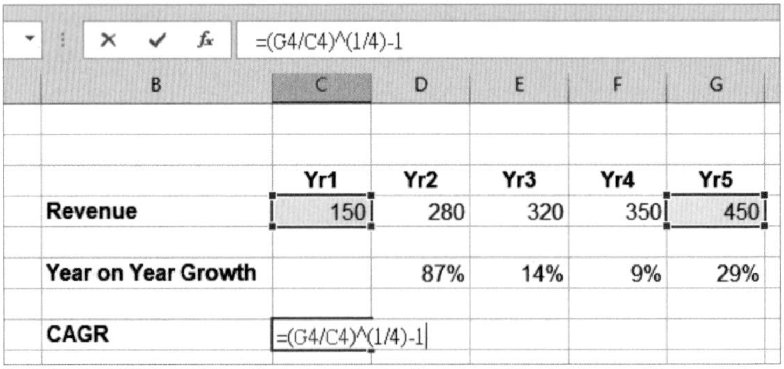
=(G4/C4)^(1/4)-1

B	C	D	E	F	G
	Yr1	Yr2	Yr3	Yr4	Yr5
Revenue	150	280	320	350	450
Year on Year Growth		87%	14%	9%	29%
CAGR	=(G4/C4)^(1/4)-1				

圖 6.2 複合年均成長率（CAGR）公式

如此得出的 CAGR 約為 32%，如以下螢幕截圖所示：

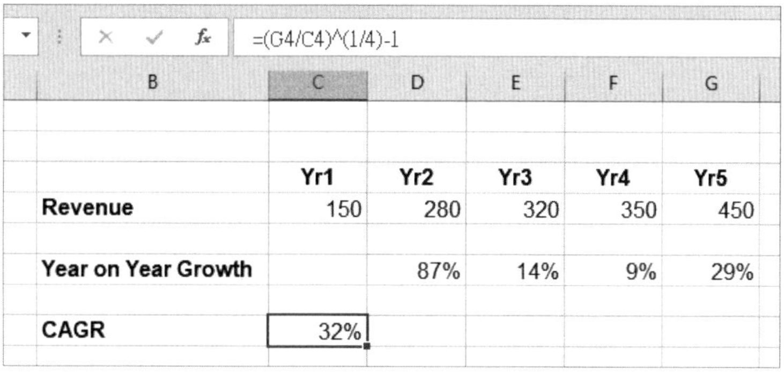

	B	C	D	E	F	G
		Yr1	Yr2	Yr3	Yr4	Yr5
	Revenue	150	280	320	350	450
	Year on Year Growth		87%	14%	9%	29%
	CAGR	32%				

fx =(G4/C4)^(1/4)-1

圖 **6**.3　算出的複合年均成長率（CAGR）

請注意，你也可以使用同樣的公式來計算其他項目的 CAGR，例如銷售成本的 CAGR。

一般來說，我們會將成長驅動因素套用至以下的值：

- **營業額 —— 價格與數量**：對於簡單的模型，你可以依據營業額來做預測。然而為了讓模型更具彈性，你可能會希望增加一些細節或精細度。這時就可將營業額分解，依據價格與數量來做預測。

- **採購 —— 成本與數量**：同樣地，對於採購及其他直接費用，如有必要，你可使模型更精細，並依據成本與數量來進行預測。

- **經常費用**：大部分的經常費用都可依據過去營業額的百分比來預測。然後，營業額的平均百分比（過去 5 年間）將被套用至接下來 5 個預估年份每年的預計營業額。

通常，被視為無關緊要的項目就只會留用其最後一次的記錄金額，或直接採用歷史金額的平均值。

6.4 選擇資產負債表的成長驅動因素

資產負債表的成長驅動因素不像損益表的那麼簡單直覺。損益表的項目是在審查期間內該項目出現的總和，但資產負債表的項目，則是由期初結餘加或減去該項目在該期間內的變動所構成，目的是為了得出特定時間點的結餘，亦即期末結餘。

有位智者曾說過：「收益是虛榮，利潤是理智，而現金才是現實。」我們藉由考量現金流，來為資產負債表找出合適的驅動因素。

驅動現金流的資產負債表項目為營運資本的要素 —— 庫存、債務，以及債權。這些項目的增減會對現金流有直接影響。

下圖便顯示了這個程序：

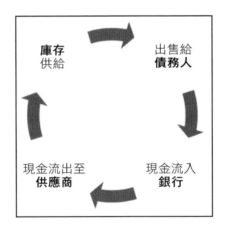

圖 6.4 營運資本的要素

營運資本的循環包括了庫存的周轉速度、債務人的付款速度，以及你付錢給債權人的速度。

一般來說，循環的速度越快，其中的各部分就能越快轉換成現金。資產負債表的成長驅動因素是使用「…的天數」的概念來計算。下圖便顯示了程序中各階段的概念說明：

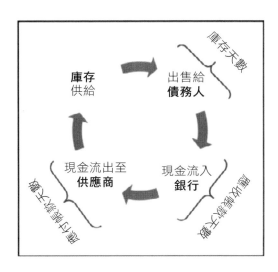

圖 6.5 對應於營運資本的天數指標

這構成了資產負債表成長驅動因素的基礎。

◉ 庫存天數

公司的管理階層必須確保他們有足夠的庫存可滿足顧客，並避免供應延遲。而另一方面，他們又不該維持太多的庫存，因為太多的庫存會綁住本來可有效利用的現金。

隨著時間過去，管理階層將學到他們所應維持的最佳庫存水平，以及何時應該要再訂購庫存，從而在滿足顧客與不過度囤貨之間取得適當的平衡。一旦達成了適當的庫存控制，庫存售出前所花的時間（庫存天數）應該就會相當固定，可做為估算未來庫存的基礎。

庫存天數是以如下方式計算：

$$\frac{平均庫存}{日銷貨成本（日\ COGS）} = \frac{期初庫存 + 期末庫存}{2} \div \frac{年銷貨成本（年\ COGS）}{365}$$

其中，期初庫存是當年度年初時的庫存，期末庫存是當年度年底時的庫存，而 COGS 是所售出貨物的成本（即「銷貨成本」）。

◉ 債務天數

對於債務也有類似的假設。一旦管理階層建立出有效率的討債程序，該程序所花費的平均日數，亦即交易債務人付款的平均日數，就會隨著時間過去變得相當固定，而可用於估算未來的債務。

債務天數的計算公式如下：

$$\frac{平均債務}{日銷售額}$$

若擴展平均債務的日銷售額公式，便會得到如下的算式：

$$\frac{期初債務 + 期末債務}{2} \div \frac{年銷售額}{365}$$

其中，期初債務是當年度年初時的債務總數，而期末債務是當年度年底時的債務總數。

◉ 債權天數

最後，當管理階層已與其供應商協調出有利的信用條件，且有效率的付款程序已到位時，付款給供應商所需的時間就會變得相當固定。

債權天數的計算公式如下：

$$\frac{平均債權}{日銷貨成本（日\ COGS）}$$

若擴展平均債權的日銷售額公式，便會得到如下的算式：

$$\frac{期初債權 + 期末債權}{2} \div \frac{年銷貨成本（年 COGS）}{365}$$

其中，期初債權是當年度年初時的債權總數，而期末債權是當年度年底時的債權總數。

一旦確立了過去的成長驅動因素，接著就該參考我們與管理階層討論時所做的筆記，以及我們自己的評估，以建立關於接下來 5 年所選項目和餘額之預估變化的假設。

對於損益表的項目，我們應要尋找如「x 應在接下來的 5 年以歷史複合年均成長率（CAGR）增加」、「應比歷史 CAGR 多（或少）增加 0.5%」、「應於接下來的 5 年中逐漸從 y% 增加到 z%」或「將於接下來的 2 年保持不變，然後在第 5 年逐漸增加到 y%」等敘述。

繼續沿用前面的例子，假設業務經理預測營業額在接下來的 5 年裡，會以比歷史 CAGR 低 2% 的比例增長，那麼我們便會如下進行。

先以不同的外觀設定來凸顯所有將填入成長驅動因素（CAGR – 2%）的預測年份儲存格（儲存格 H5 到 L5），然後運用你的 Excel 參照架構知識來建構 CAGR 公式，使用適當的絕對與相對參照，並且減去 2%：

CAGR = ($G$4/$C$4)^(1/4)-1-2%

輸入完成後按下 Ctrl + Enter 鍵：如此便能得到接下來 5 年的預測成長驅動因素，如下圖所示：

	fx	= ($G$4/$C$4)^(1/4)-1-2%								
B	C	D	E	F	G	H	I	J	K	L
	Yr1A	Yr2A	Yr3A	Yr4A	Yr5A	Yr6E	Yr7E	Yr8E	Yr9E	Yr10E
Revenue	150	280	320	350	450					
Growth						30%	30%	30%	30%	30%

圖 6.6　預測的成長驅動因素

接著，使用如下的公式，將該成長率套用至最後一個有實際業績成果之年度（Yr5A，A 代表 Actual，「實際的」之意）的營業額，以得出第一個預估年份（Yr6E，E 代表 Estimate，「估計的」之意）的營業額數字：

```
=G4*(1+H5)
```

我們要對 Yr7E 及後續的每個預測年份都重複此處理。實際上，你只要反白選取儲存格 H5 到 L5，輸入一次公式後，按 Ctrl + Enter 鍵，即可一舉將公式填入至所有選取的儲存格，如下圖所示：

								fx	=G4*(1+H5)		
	B	C	D	E	F	G	H	I	J	K	L
		Yr1A	Yr2A	Yr3A	Yr4A	Yr5A	Yr6E	Yr7E	Yr8E	Yr9E	Yr10E
	Revenue	150	280	320	350	450	583	756	980	1270	1646
	Growth						30%	30%	30%	30%	30%

圖 6.7　依據成長驅動因素和歷史金額得出的絕對營業額

你可繼續對其他主要的損益表項目進行同樣的處理程序。至於較不重要的損益表項目，例如銷售與分銷（Sales & distribution），首先計算各歷史年份的營業額百分比。下面的螢幕截圖便顯示了經常費用佔營業額的百分比：

SUM			fx	=E$8/E$4									
	A	B	C	D	E	F	G	H	I	J	K	L	M	N
1														
2														
3					Yr1A	Yr2A	Yr3A	Yr4A	Yr5A	Yr6E	Yr7E	Yr8E	Yr9E	Yr10E
4		Revenue			150	280	320	350	450	583	756	980	1270	1646
5		Growth	CAGR - 2%							30%	30%	30%	30%	30%
6														
7														
8		Sales & distribution			15	25	30	30	35					
9			% of sales		=E$8/E$4									
10														

圖 6.8　經常費用佔營業額的百分比

然後你可將此驅動因素向前推斷為 5 個歷史年份的平均值。

請注意，替一系列儲存格填入同樣公式的最快做法如下：

1. 選取儲存格範圍。
2. 適當且正確地使用相對、絕對及混合參照來建構公式（詳見「第 4 章，Excel 中的參照架構」）。
3. 按住 Ctrl 鍵，再按下 Enter 鍵（按 Ctrl + Enter 鍵）。

該範圍中的所有儲存格都會被填入同樣的公式，就彷彿你已將該公式複製到這些儲存格中。

若你忘了步驟 1，沒有先選好一系列儲存格再建立公式，也不至於需要全部重來：

1. 適當且正確地使用相對、絕對及混合參照來建構公式（詳見「第 4 章，Excel 中的參照架構」）。
2. 選取要填入相同公式的儲存格範圍，而且要從你已輸入公式的儲存格開始選取。
3. 然後按 Ctrl + D 鍵（若該儲存格範圍是往下延伸）或 Ctrl + R 鍵（若該儲存格範圍是往右延伸）。

以下的螢幕截圖便顯示了如何計算用於 5 個預測年份的成長驅動因素：

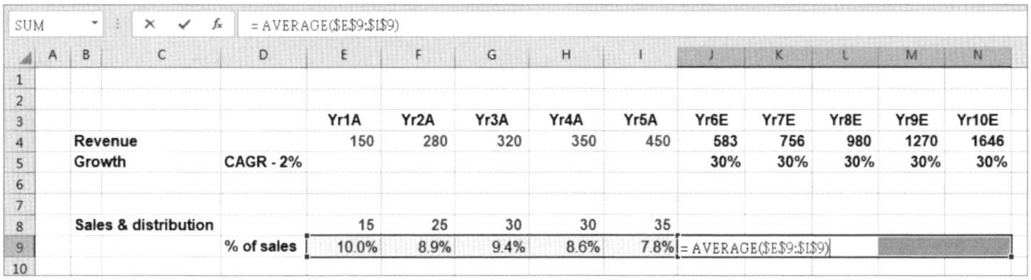
SUM
= AVERAGE($E$9:$I$9)
Yr1A Yr2A Yr3A Yr4A Yr5A Yr6E Yr7E Yr8E Yr9E Yr10E
Revenue 150 280 320 350 450 583 756 980 1270 1646
Growth CAGR - 2% 30% 30% 30% 30% 30%
Sales & distribution 15 25 30 30 35
% of sales 10.0% 8.9% 9.4% 8.6% 7.8% = AVERAGE($E$9:$I$9)

圖 6.9 銷售與分銷的預測成長驅動因素是使用過去年份的平均值

最後，再將該預測的驅動因素套用至每個預測年份（Yr6E 到 Yr10E）。

下面的螢幕截圖顯示了將成長驅動因素套用至第一個預測年份的值以還原加總費用：

| SUM | ▾ | : | × | ✓ | fx | =J$4*J$9 | | | | | | | |

▲	A	B	C	D	E	F	G	H	I	J	K	L	M	N
1														
2														
3					Yr1A	Yr2A	Yr3A	Yr4A	Yr5A	Yr6E	Yr7E	Yr8E	Yr9E	Yr10E
4		Revenue			150	280	320	350	450	583	756	980	1270	1646
5		Growth		CAGR - 2%						30%	30%	30%	30%	30%
6														
7														
8		Sales & distribution			15	25	30	30	35	=J$4*J$9				
9				% of sales	10.0%	8.9%	9.4%	8.6%	7.8%	8.9%	8.9%	8.9%	8.9%	8.9%
10														

圖 6.10　依據驅動因素和實際數值來還原加總銷售與分銷

藉此，我們就能得出 Yr6E 到 Yr10E 的預計銷售與分銷成本。

下面的螢幕截圖顯示了將相同公式填入至其他預測年份後的結果：

| J8 | ▾ | : | × | ✓ | fx | =J$4*J$9 | | | | | | | |

▲	A	B	C	D	E	F	G	H	I	J	K	L	M	N
1														
2														
3					Yr1A	Yr2A	Yr3A	Yr4A	Yr5A	Yr6E	Yr7E	Yr8E	Yr9E	Yr10E
4		Revenue			150	280	320	350	450	583	756	980	1270	1646
5		Growth		CAGR - 2%						30%	30%	30%	30%	30%
6														
7														
8		Sales & distribution			15	25	30	30	35	52	68	87	113	147
9				% of sales	10.0%	8.9%	9.4%	8.6%	7.8%	8.9%	8.9%	8.9%	8.9%	8.9%
10														

圖 6.11　填入至所有預測年份

以此方式，你就可建構出預測年份（Yr6E 到 Yr10E）的損益表。而在此階段，你的損益表只剩下折舊和利息的部分還未完成。

至於資產負債表的項目，我們需要重新溫習一下關於天數的公式：

$$庫存天數 = \frac{平均庫存}{日銷貨成本（日 COGS）}$$

重新整理此公式後，可得到如下的算式：

$$平均庫存 = 庫存天數 \times 日銷貨成本（日 COGS）$$

接著讓我們分別擴展平均庫存和日銷貨成本的部分：

$$\frac{期初庫存 + 期末庫存}{2} = 庫存天數 \times \frac{年銷貨成本（年 COGS）}{365}$$

再次整理公式，便可得到以下算式：

$$期末庫存 = 2 \times 庫存天數 \times \frac{年銷貨成本（年 COGS）}{365} - 期初庫存$$

接下來則分別說明此天（日）數概念中的各個獨立元素：

- **庫存天數**：之前我們提過，庫存天數預期會隨著時間維持多年的穩定性。故你可採取過去 5 年的歷史平均庫存天數做為預測驅動因素，來預測接下來 5 年的庫存。若有任何事件顯示活動可能受到影響，從而對 COGS 產生顯著作用的話，你可對所算出的平均庫存天數做一些最佳的判斷調整。例如，當某個強大的競爭者進入市場時，可能會造成銷售暫時放緩，從而導致 COGS 降低，同時庫存天數因此增加。

- **期初庫存**：一個年度的期初庫存，就是前一年度的期末庫存。所以，Yr6E 的期初庫存就是 Yr5A 的期末庫存。

- **年銷貨成本（年 COGS）**：這在預測的較早階段就會被算出，並構成你的損益表的 Yr6E 至 Yr10E 部分。由於等式右側的所有項目都為已知，故我們可算出 Yr6E 的期末庫存，並接著為 Yr7E 到 Yr10E 重複進行同樣的處理程序。下面的螢幕截圖便顯示了各年份的庫存計算：

SUM	▼	⋮	×	✓	fx	=AVERAGE(E$16:F$16)/(F$11/365)				

◢	A	B	C	D	E	F	G	H	I
1					Yr1A	Yr2A	Yr3A	Yr4A	Yr5A
2	**Balance Sheet Assumptions**								
3		**Key Ratios**							
4			Inventories (Days of cost of sales)		=AVERAGE(E$16:F$16)/(F$11/365)				
5			Trade and other receivables (Days of sales)						
6			Trade and other payables (Days of cost of sales)						
7									
8	**PROFIT & LOSS**								
9									
10		Revenue			260,810	272,241	245,009	297,938	311,453
11		Cost of sales			177,782	181,657	186,876	193,989	200,786
12		GROSS PROFIT			83,028	90,584	58,133	103,949	110,667
13									
14	**BALANCE SHEET**								
15									
16	Inventories				15,545	18,007	21,731	14,530	21,860
17	Trade and other receivables				20,864	31,568	35,901	33,812	39,063
18	Cash and cash equivalents				7,459	17,252	9,265	65,106	67,707
19	**Total current assets**				**43,868**	**66,827**	**66,897**	**113,448**	**128,630**

圖 6.12　庫存天數

- **債務天數**：同樣道理，債務天數也可如下表示：

$$期末債務 = 2 \times 債權天數 \times \frac{年營業額}{365} - 期初債權$$

歷史平均債務天數將被採納為 Yr6E 至 Yr10E 的預測債務天數。

下面的螢幕截圖便顯示了各年份的債務計算：

SUM	▼	⋮	×	✓	fx	=AVERAGE(E$17:F$17)/(F$10/365)				

◢	A	B	C	D	E	F	G	H	I
1					Yr1A	Yr2A	Yr3A	Yr4A	Yr5A
2	**Balance Sheet Assumptions**								
3		**Key Ratios**							
4			Inventories (Days of cost of sales)			34	39	34	33
5			Trade and other receivables (Days of sales)		=AVERAGE(E$17:F$17)/(F$10/365)				
6			Trade and other payables (Days of cost of sales)						
7									
8	**PROFIT & LOSS**								
9									
10		Revenue			260,810	272,241	245,009	297,938	311,453
11		Cost of sales			177,782	181,657	186,876	193,989	200,786
12		GROSS PROFIT			83,028	90,584	58,133	103,949	110,667
13									
14	**BALANCE SHEET**								
15									
16	Inventories				15,545	18,007	21,731	14,530	21,860
17	Trade and other receivables				20,864	31,568	35,901	33,812	39,063
18	Cash and cash equivalents				7,459	17,252	9,265	65,106	67,707
19	**Total current assets**				**43,868**	**66,827**	**66,897**	**113,448**	**128,630**

圖 6.13　應收帳款天數

- **債權天數**：最後，我們還有下面這個等式：

$$期末債權 = 2 \times 債權天數 \times \frac{年銷貨成本（年\,COGS）}{365} - 期初債權$$

歷史平均債權天數將用於預估 Yr6E 至 Yr10E 的債權天數。

下面的螢幕截圖便顯示了各年份的債權計算：

	A	B	C	D	E	F	G	H	I
			SUM ▾ : × ✓ fx =AVERAGE(E$21:F$21)/(F$11/365)						
1					Yr1A	Yr2A	Yr3A	Yr4A	Yr5A
2	Balance Sheet Assumptions								
3		Key Ratios							
4			Inventories (Days of cost of sales)			34	39	34	33
5			Trade and other receivables (Days of sales)			35	50	43	43
6			Trade and other payables (Days of cost of sales)	=AVERAGE(E$21:F$21)/(F$11/365)					
7									
8	PROFIT & LOSS								
9									
10		Revenue			260,810	272,241	245,009	297,938	311,453
11		Cost of sales			177,782	181,657	186,876	193,989	200,786
12		GROSS PROFIT			83,028	90,584	58,133	103,949	110,667
13									
14	BALANCE SHEET								
15									
16	Inventories				15,545	18,007	21,731	14,530	21,860
17	Trade and other receivables				20,864	31,568	35,901	33,812	39,063
18	Cash and cash equivalents				7,459	17,252	9,265	65,106	67,707
19	Total current assets				43,868	66,827	66,897	113,448	128,630
20	Current Liabilities								
21	Trade and other payables				12,530	16,054	15,831	14,072	15,938

圖 6.14 應付帳款天數

將這些項目填入至資產負債表後，我們的預測資產負債表就剩下長期資產、貸款，當然還有現金的部分尚待完成。這些部分需要各自分別處理，而我們將在後續章節中逐一說明。

6.5　總結

在本章中我們瞭解到，若是沒有徹底掌握專案的性質與目的，最後做出來的模型可能會不符合客戶要求。我們還學到了關於假設的性質與理由，以及在將假設投射到未來時，與管理階層討論的重要性。在建立假設的過程中，我們已認知到歷史財務資料、資產負債表、損益表和現金流量表的重要性。此外我們也瞭解到，歷史財務資料是解決可能出現在模型中的異常問題的重要起點。

在下一章「第 7 章，資產與負債的明細表」中，我們將學習如何預測長期資產與借款。我們將學到不同的做法：一種較複雜但精準，而另一種較簡單但主觀。我們還將學習如何把資產與負債的明細表輸出，並用於更新資產負債表和損益表。

CHAPTER 07

資產與負債的明細表

預測的資產負債表和損益表差不多已完成,現在剩下資本支出（CapEx,Capital Expenditure）的部分還沒處理,這部分包括了:長期資產和長期負債的購買、處分和折舊;新問題;還款;利息費用等。

固定資產、折舊、利息與負債的明細表對我們的模型來說非常重要,因為這些在財務報表中往往是極為重大的數額。它們是長期的結餘,不屬於成長驅動因素。

你將瞭解到財務報表是如何處理長期資產與長期負債、我們如何得出資產負債表和損益表中的不同金額,以及這些值如何逐年變化。

在本章中,我們將說明下列這些主題:

- 瞭解 BASE 和螺旋式的概念
- 資產明細表
- 資產建模的做法
- 資產與折舊的明細表
- 負債的明細表
- 建立簡單的貸款分期償還明細表

7.1 瞭解 BASE 和螺旋式的概念

這些是在為我們的資產負債表項目建模時應遵循的共同標準。BASE 代表了「Beginning add Additions less Subtractions equals End（先加後減等於結餘）」。而螺旋式的概念指的是 BASE 的結構從一個期間連接到下一個期間的方式。在下面的螢幕截圖中，你會看到一個年度的期末結餘（Closing）遞轉成了下一年度的期初結餘（Opening）：

B	C	D	E	F	G
			Yr1A	Yr2A	Yr3A
	Opening		100,000	109,000	134,000
	Additions		34,000	60,000	15,000
	Disposals		(25,000)	(35,000)	(20,000)
	Closing		109,000	134,000	129,000

圖 7.1　BASE 結構

你會注意到，整個計算動線從期初結餘開始，穿過第一年的各列資料往下到期末結餘後，往上回到第二年的期初結餘，接著又再往下穿過第二年的各列資料，反覆依此模式行進：

B	C	D	E	F	G
			Yr1A	Yr2A	Yr3A
	Opening		100,000	109,000	134,000
	Additions		34,000	60,000	15,000
	Disposals		(25,000)	(35,000)	(20,000)
	Closing		109,000	134,000	129,000

圖 7.2　螺旋式結構

這產生出了一種螺旋形的路徑，如上面的螢幕截圖所示。

7.2 資產明細表

在此快速提示一下我們的議程：

- 記錄歷史損益表和資產負債表

- 計算歷史成長驅動因素

- 預估損益表和資產負債表的成長驅動因素

- 建立預測的損益表和資產負債表

- 編製資產與折舊的明細表

- 編製負債的明細表

- 編製現金流量表

- 比率分析

- DCF 評價法

- 其他評價法

- 情境分析

固定資產包括廠房與機器、土地和建築物、設備、機動車輛、家具及固定裝置。任何可讓公司在一年以上的期間從其獲得經濟價值的資產，都屬於固定資產的範疇。而其產生經濟價值的期間，稱為資產的使用年限。由於該資產將使用超過一年，所以將這種資產的全部成本計入獲得該資產的期間並不公平，其成本應被分攤至該資產的整個使用年限才對。請注意，折舊會對除土地以外的所有固定資產進行計算，因為一般認為土地不會貶值。

這樣的年度成本分配，是固定資產因使用或隨時間過去所導致之價值下降的一種衡量標準。這就叫做**折舊**。折舊通常以百分比表示，並計入每年的損益表中。固定資產的價值減損會反映在資產負債表上，**總累計折舊**會從原始成本中扣除並計至當期。這被稱做**帳面淨值**。

◉ 直線法

若管理階層判定，在 10 年的期間內可從某固定資產中獲取有用的服務，那麼該資產的成本便會被分攤至 10 年中。而其最簡單的做法，就是將該資產的成本平均分配至 10 年期間，以達到固定的年費或 10% 的折舊率。這種做法稱為折舊的**直線法**（SLM，Straight Line Method）。

使用直線法折舊的計算方式如下：

$$折舊 = \frac{資產成本}{使用年限}$$

直線法是最簡單也最常用的一種折舊法：

$$折舊 = 資產成本 \times 折舊率$$

折舊率通常以百分比表示。

◉ 餘額遞減法

另一種計算折舊的方式稱為**餘額遞減法**。此方法是基於資產在其使用年限的早期損失價值的速度較快這一假設。因此，這種算法會在資產使用年限的早期分配較多的折舊，在晚期分配較少的折舊。在折舊的第一年，折舊率會套用於資產的成本。而在接下來的幾年中，折舊率則套用至從前一年遞轉來的帳面淨值。

由於資產的帳面淨值會逐年減少，故折舊也將因折舊率套用於逐漸降低的數字而隨之降低。下面的螢幕截圖顯示了直線法和餘額遞減法之間的差異：

Depreciation Rate		10%	Useful Life	10years		
	Straight Line			**Reducing Balance**		
Year1	Cost	100,000,000		Cost	100,000,000	
Year 1	Depreciation	10,000,000		Depreciation	10,000,000	
Year2	Net book value	90,000,000		Net book value	90,000,000	
Year2	Depreciation	10,000,000		Depreciation	9,000,000	
Year 3	Net book value	80,000,000		Net book value	81,000,000	
Year 3	Depreciation	10,000,000		Depreciation	8,100,000	
Year 4	Net book value	70,000,000		Net book value	72,900,000	
Year 4	Depreciation	10,000,000		Depreciation	7,290,000	
Year5	Net book value	60,000,000		Net book value	65,610,000	
Year5	Depreciation	10,000,000		Depreciation	6,561,000	
Year 6	Net book value	50,000,000		Net book value	59,049,000	
Year 6	Depreciation	10,000,000		Depreciation	5,904,900	
Year 7	Net book value	40,000,000		Net book value	53,144,100	
Year 7	Depreciation	10,000,000		Depreciation	5,314,410	
Year 8	Net book value	30,000,000		Net book value	47,829,690	
Year 8	Depreciation	10,000,000		Depreciation	4,782,969	
Year 9	Net book value	20,000,000		Net book value	43,046,721	
Year 9	Depreciation	10,000,000		Depreciation	4,304,672	
Year 10	Net book value	10,000,000		Net book value	38,742,049	
Year 10	Depreciation	10,000,000		Depreciation	3,874,205	
	Net book value	-		Net book value	34,867,844	

圖 7.3　直線法（Straight Line）與
餘額遞減法（Reducing Balance）的折舊結果

從上面的螢幕截圖中，我們可觀察到下列這些現象：

- 兩種方法都從相同的折舊費用開始 —— 10,000,000（100,000,000 × 10%）。

- 從第二年起，採用餘額遞減法的當年度折舊就開始從 10,000,000 降低到第二年的 9,000,000，接著再到第三年的 8,100,000，依此類推。

- 到了第十年，折舊費用已降至 3,874,205。

- 採用直線法者，當年度的年折舊費用會固定維持在 10,000,000，一直到第十年。

- 相較於採用餘額遞減法者在第十年末的帳面淨值（Net book value）為 34,867,844，採用直線法者則為 0（零）。

以下進一步以圖形來呈現這兩種折舊法對折舊（Depreciation）與帳面淨值（Net Book Value）的影響：

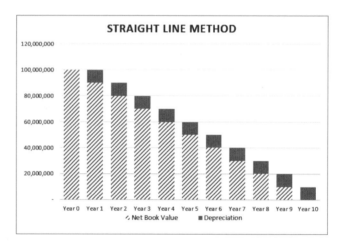

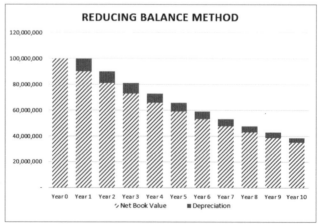

圖 **7.4**　比較直線法（Straight Line）與
餘額遞減法（Reducing Balance）的折舊結果

你應該會認同，不論某個資產變得多舊或是被使用得多徹底，總還是會有剩餘或報廢價值存在。**剩餘價值**所評估的是，該資產做為廢料出售時能夠賣多少錢。考量到這點，你應該要確保你不會將任何資產折舊至零，而是要折舊至其剩餘價值，所以在折舊的最後一年，其折舊費用會是帳面淨值減去剩餘價值。下面的螢幕截圖便顯示了剩餘價值為 1,000 之資產的年折舊：

Depreciation Rate		10%	Useful Life	10years
	Straight Line			
Year1	Cost	100,000,000		
Year 1	Depreciation	10,000,000		
Year2	Net book value	90,000,000		
Year2	Depreciation	10,000,000		
Year 3	Net book value	80,000,000		
Year 3	Depreciation	10,000,000		
Year 4	Net book value	70,000,000		
Year 4	Depreciation	10,000,000		
Year5	Net book value	60,000,000		
Year5	Depreciation	10,000,000		
Year 6	Net book value	50,000,000		
Year 6	Depreciation	10,000,000		
Year 7	Net book value	40,000,000		
Year 7	Depreciation	10,000,000		
Year 8	Net book value	30,000,000		
Year 8	Depreciation	10,000,000		
Year 9	Net book value	20,000,000		
Year 9	Depreciation	10,000,000		
Year 10	Net book value	10,000,000		
Year 10	Depreciation	9,999,000	← 最後一年折舊	
	Residual value	1,000	← 剩餘價值	

圖 7.5　使用直線法計算使用年限期間的折舊

這樣除了更貼近現實外，畢竟比起零剩餘價值的資產，以剩餘價值為其帳面淨值的資產不太可能真的「完全消失」。雖然直線法和餘額遞減法是兩種最常見的折舊方法，但也還有其他方法可用，例如年數合計法，以及生產數量法等。

7.3 資產建模的做法

為固定資產建模有以下兩種做法：

- 詳細的做法
- 簡單的做法

◉ 詳細的做法

詳細的做法會著眼於固定資產的各個元素（資產的成本、新增、處分、折舊及累計折舊），比簡單的做法更為精確。你與管理階層的討論能讓你瞭解他們接下來五年的資本支出計畫。每當有處分或出售的動作時，就必須從帳簿中移除該固定資產。該資產的帳面淨值（成本減去累計折舊）將被轉入處分帳目做為借方，而出售所得之款項將轉入同帳目做為貸方。兩者間的差額不是資產處分的利潤（出售所得超過帳面淨值）就是損失（帳面淨值大於出售所得），且將於該其的期末從此處分帳目轉入至損益表。下面的兩張圖說明了與此有關的兩種不同情境。

第一張圖顯示的是資產處分有獲利時的情況：

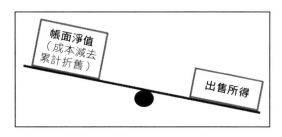

圖 7.6 出售所得大於帳面淨值

這表示你已將該資產用大於其價值（依據帳面記錄）的金額賣出。

而第二張圖則顯示資產處分有損失時的情況：

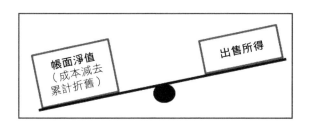

圖 7.7 出售所得小於帳面淨值

這表示你已將該資產用小於其價值（依據帳面記錄）的金額賣出，導致了資產處分上的損失。這些部分最好都完整地記錄在資產與折舊的明細表中，而此明細表應針對每個固定資產類別編製，然後併入至一般的固定資產明細表。

7.4 資產與折舊的明細表

下圖顯示了資產與折舊明細表及其中的各個組成元素：

		C	D	E Yr1A	F Yr2A	G Yr3A	H Yr4A	I Yr5A	J Yr6E
3	ASSET SCHEDULE			Yr1A	Yr2A	Yr3A	Yr4A	Yr5A	Yr6E
4		Depreciation Method	SLM						
5		Asset Life	Years	10	10	10	10	10	
6		Disposal of Assets	N Mn	-	-	-	-	-	
7									
8		Capex	N Mn	100,000	-	-	200,000	-	
9									
10		Depreciation Schedule							
11		Yr1A		10,000	10,000	10,000	10,000	10,000	
12		Yr2A			-	-	-	-	
13		Yr3A				-	-	-	
14		Yr4A					20,000	20,000	
15		Yr5A						-	
16		Yr6E							
17		Yr7E							
18		Yr8E							
19		Yr9E							
20		Yr10E							
21		Total Depreciation		10,000	10,000	10,000	30,000	30,000	
22									
23		Cost							
24		Opening Balance		-	100,000	100,000	100,000	300,000	
25		Add: Capex		100,000	-	-	200,000	-	
26		Less: Assets Sold/ Disposed		-	-	-	-	-	
27		Closing Balance		100,000	100,000	100,000	300,000	300,000	
28									
29		Accumulated Depreciation							
30		Opening Balance		-	10,000	20,000	30,000	60,000	
31		Add: Depreciation during current year		10,000	10,000	10,000	30,000	30,000	
32		Less: Depreciation on assets sold							
33		Closing Balance		10,000	20,000	30,000	60,000	90,000	
34									
35		Net Book Value		90,000	80,000	70,000	240,000	210,000	
36									
37									
38		Disposal Of Assets							
39		Cost of assets sold		-	-	-	-	-	
40		Depreciation on assets sold		-	-	-	-	-	
41		Net book value of assets sold		-	-	-	-	-	
42		Proceeds from sale of assets		-	-	-	-	-	
43									
44		(profit)/loss on sale of assets							

圖 7.8 完整的資產與折舊明細

這是應針對每個資產類別編製的完整資產與折舊明細表，而其各個部分的說明如下。

第一個部分包含以下資訊：

ASSET SCHEDULE		Yr1A	Yr2A	Yr3A	Yr4A	Yr5A	Yr6E
Depreciation Method	SLM						
Asset Life	Years	10	10	10	10	10	
Disposal of Assets	N Mn	-	-	-	-	-	
Capex	N Mn	100,000	-	-	200,000	-	

圖 7.9 資產與折舊明細表的第一個部分

這裡頭有幾個關鍵字，像是「折舊法（Depreciation Method）」和「資產年限（Asset Life）」等。

我們要來看看對此特定明細表來說，它們分別是什麼：

- **折舊法（Depreciation Method）**：以本例來說，是直線法（SLM）。
- **資產年限（Asset Life）**：這用於表示資產的使用年限，以本例來說是 10 年。
- **資產處分（Disposal of Assets）**：這部分用於記錄出售固定資產的所得（若有）。
- **資本支出（Capex)**：此列顯示每年花費（以及預計會花費）多少錢在固定資產上。

下一個部分是折舊明細：

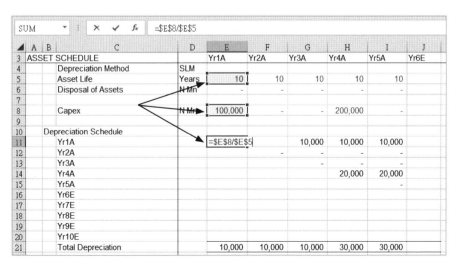

圖 7.10 折舊明細

折舊資料列在第 11-20 列及 E-N 欄的範圍內。新增之固定資產的年折舊費用為當年度的資本支出（CapEx）除以資產年限。對 Yr1A 而言，這個值是 E8 除以 E5，結果是 10,000，如上面的螢幕截圖所示。Yr1A 新增部分的折舊費用從儲存格 E11 開始，沿著第 11 列再往右延續 9 年，每年都是 10,000，如以下螢幕截圖所示：

▲	A	B	C	D	E	F	G	H	I	J
3	ASSET SCHEDULE				Yr1A	Yr2A	Yr3A	Yr4A	Yr5A	Yr6E
4			Depreciation Method	SLM						
5			Asset Life	Years	10	10	10	10	10	
6			Disposal of Assets	N Mn	-	-	-	-	-	
7										
8			Capex	N Mn	100,000	-	-	-	200,000	
9										
10			Depreciation Schedule							
11			Yr1A		10,000	10,000	10,000	10,000	10,000	
12			Yr2A			-	-	-	-	
13			Yr3A				-	-	-	
14			Yr4A					20,000	20,000	
15			Yr5A						-	

圖 7.11　年折舊費用

Yr2A 新增部分的折舊是以 F8 除以 F5 計算，且此費用將從儲存格 F12 開始每年產生，沿著第 12 列（即下一列）延續共 10 年。同理，Yr3A 新增部分的折舊將從儲存格 G13 開始，每年產生，沿著第 13 列延續共 10 年。

每年的折舊費用為該年度欄第 11-20 列中所有折舊的總和。以 Yr1A 來說，就是 E 欄第 11-20 列中所有折舊的總和；以 Yr2A 來說，則是 F 欄第 11-20 列中所有折舊的總和。在本例中，只有 Yr1A 和 Yr4A 這兩個年度有新增的資本支出，如以下螢幕截圖所示：

| SUM | ▼ | : | × | ✓ | *fx* | =SUM(E11:E20) | | | | |

◢	A	B	C	D	E	F	G	H	I	J
3	ASSET SCHEDULE				Yr1A	Yr2A	Yr3A	Yr4A	Yr5A	Yr6E
4			Depreciation Method	SLM						
5			Asset Life	Years	10	10	10	10	10	
6			Disposal of Assets	N Mn	-	-	-	-	-	
7										
8			Capex	N Mn	100,000		-	200,000		
9										
10		Depreciation Schedule								
11			Yr1A		10,000	10,000	10,000	10,000	10,000	
12			Yr2A			-	-	-		
13			Yr3A							
14			Yr4A					20,000	20,000	
15			Yr5A						-	
16			Yr6E							
17			Yr7E							
18			Yr8E							
19			Yr9E							
20			Yr10E							
21			Total Depreciation		=SUM(E11:E20)	10,000	30,000	30,000		

圖 7.12 折舊的合計方式

接下來的兩個部分分別為固定資產的成本匯總與累計折舊，都依據 BASE
和螺旋式的概念配置。其中每年的成本期末結餘代表的是，每年年底存在
於企業中的固定資產的原始成本或歷史成本總額。下面的螢幕截圖便顯示
了成本（Cost）、累計折舊（Accumulated Depreciation）與帳面淨值（Net
Book Value）：

| SUM | ▼ | : | × | ✓ | *fx* | =E27-E33 | | | | |

◢	A	B	C	D	E	F	G	H	I	J
3	ASSET SCHEDULE				Yr1A	Yr2A	Yr3A	Yr4A	Yr5A	Yr6E
22										
23		Cost								
24			Opening Balance		-	100,000	100,000	100,000	300,000	
25			Add: Capex		100,000	-	-	200,000	-	
26			Less: Assets Sold/ Disposed		-	-	-	-	-	
27			Closing Balance		100,000	100,000	100,000	300,000	300,000	
28										
29		Accumulated Depreciation								
30			Opening Balance		-	10,000	20,000	30,000	60,000	
31			Add: Depreciation during current year		10,000	10,000	10,000	30,000	30,000	
32			Less: Depreciation on assets sold							
33			Closing Balance		10,000	20,000	30,000	60,000	90,000	
34										
35		Net Book Value			=E27-E33	80,000	70,000	240,000	210,000	
36										

圖 7.13 成本（Cost）、累計折舊（Accumulated Depreciation）
與帳面淨值（Net Book Value）

累計折舊就是固定資產至當期為止的折舊費用總額。而固定資產會以其帳面淨值（成本減去累計折舊）計入至資產負債表。

這種詳細的做法，需要由客戶提供接下來 5 年的預期支出與資產處分相關資訊。若無法取得這類資訊，你就需要採取較不精準但較簡單的做法。

◉ 簡單的做法

預測固定資產的簡單做法，就是使用基於歷史結果的固定資產週轉率（如以下公式所示）來為其建模：

$$固定資產週轉率 = \frac{營業額}{固定資產}$$

就和之前的例子一樣，我們從過去的資料開始，為每一個歷史年份計算固定資產與週轉率。下面的螢幕截圖便顯示了固定資產週轉率（Fixed assets turnover Ratio）欄位的計算：

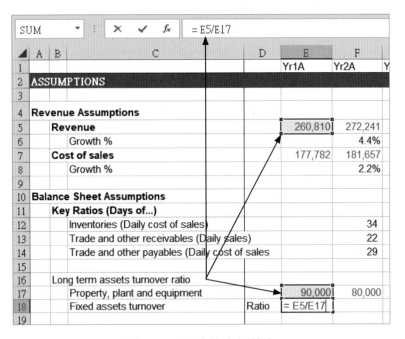

圖 7.14　固定資產週轉率

我們算出 Yr1A-Yr5A 的歷史固定資產週轉率平均值後，以此平均值為預
測驅動因素，來預測接下來 5 年的週轉率。下面的螢幕截圖便顯示了歷史
固定資產週轉率的平均值計算：

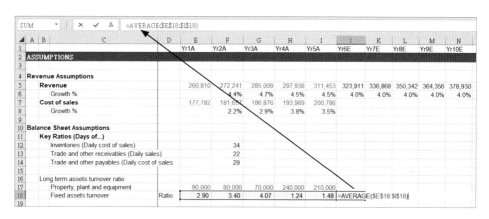

圖 7.15　固定資產的預測驅動因素

而折舊可如下推導出來：

1. 將每年固定資產的歷史成本各自除以該年份的折舊費用，以得出資產
於該年份的平均使用年限：

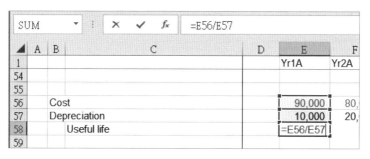

圖 7.16　計算資產的使用年限

2. 然後計算過去五年的使用年限的平均值：

SUM	▾	⋮	✕	✓	fx	=AVERAGE($E$58:$I$58)					

◢	A	B	C	D	E	F	G	H	I	J	K	L
1					Yr1A	Yr2A	Yr3A	Yr4A	Yr5A	Yr6E	Yr7E	Yr8E
54												
55												
56		Cost			90,000	80,000	70,000	240,000	210,000	123,702	128,695	
57		Depreciation			10,000	20,000	30,000	60,000	90,000			
58			Useful life		9.0	4.0	2.3	4.0	2.3	=AVERAGE($E$58:$I$58)		
59												

圖 7.17　算出預測的使用年限

3. 現在，利用如下公式，代入「使用年限」的值以求出該年度的折舊費用：

$$折舊 = \frac{資產成本}{使用年限}$$

上面的步驟會產生出如下的值：

SUM	▾	⋮	✕	✓	fx	=J56/J58		

◢	A	B	C	D	E	F	G	H	I	J	K
1					Yr1A	Yr2A	Yr3A	Yr4A	Yr5A	Yr6E	Yr7E
54											
55											
56		Cost			90,000	80,000	70,000	240,000	210,000	123,702	128,
57		Depreciation			10,000	20,000	30,000	60,000	90,000	=J56/J58	
58			Useful life		9.0	4.0	2.3	4.0	2.3	4.3	
59											

圖 7.18　算出預測的折舊

4. 繼續將此公式擴展至其他預測年份：

1 R x 5C	▾	⋮	✕	✓	fx	=J$56/J$58				

◢	A	B	C	D	E	F	G	H	I	J	K	L	M	N
1					Yr1A	Yr2A	Yr3A	Yr4A	Yr5A	Yr6E	Yr7E	Yr8E	Yr9E	Yr10E
54														
55														
56		Cost			90,000	80,000	70,000	240,000	210,000	123,702	128,695	133,890	139,294	144,916
57		Depreciation			10,000	20,000	30,000	60,000	90,000	28,547	29,699	30,898	32,145	33,442
58			Useful life		9.0	4.0	2.3	4.0	2.3	4.3	4.3	4.3	4.3	4.3
59														

圖 7.19　接下來五年的預估折舊費用

這樣就得到了接下來五年每一年的預估折舊費用。

當你無法取得該公司的資本支出計畫相關資訊，或者你只想做個簡單快速的評估時，就可使用這種簡單的做法。

接下來我們要看的是長期負債及其處理方式。

7.5 負債的明細表

公司的資本是由負債與股權所組成，大部分企業都試圖在負債和股權之間維持穩定的比率（槓桿比率，Leverage Ratio）。而負債的明細表是我們對資本結構預測的一部分。

以下清單列出了我們目前的議程：

- 記錄歷史損益表和資產負債表
- 計算歷史成長驅動因素
- 預估損益表和資產負債表的成長驅動因素
- 建立預測的損益表和資產負債表
- 編製資產與折舊的明細表
- 編製負債的明細表
- 編製現金流量表
- 比率分析
- DCF 評價法
- 其他評價法
- 情境分析

就和處理固定資產時一樣，負債的預測也可透過以下兩種做法之一來進行：一種較詳細、複雜而精準，另一種則快速簡單但較不準確。

此外，我們還需要考慮利息的處理。這部分的重點在於，我們是要針對負債的期初或期末結餘收取利息？還是要將利率套用於當年度的平均負債？

◉ 複雜的做法

若你的模型需要較高的精準度，一開始就必須盡量從已公布的歷史帳目，並透過與管理階層的討論，盡可能取得越多相關資訊越好。你要找出獲取額外融資和清算現有貸款的計劃，而且你也將考量會需要融資的固定資產的增加。

此外，許多公司往往都會公布有關貸款到期的資訊。你會運用這些資訊來預測年度還款，並確保一旦還清貸款，這些還款就會停止。下面的螢幕截圖說明了負債明細表看起來是什麼樣子：

	Yr1A	Yr2A	Yr3A	Yr4A	Yr5A	Yr6E	Yr7E	Yr8E	Yr9E	Yr10E
61 DEBT SCHEDULE										
62										
63 Unsecured Loans										
64 Opening		40,000	35,000	30,000	275,000	245,000	215,000	185,000	155000	125000
65 Additions	40,000	-	-	250,000	-	-	-	-	0	0
66 Repayments On 40M　8 yrs	5,000	5,000	5,000	5,000	5,000	5,000	5,000	5,000		
67 Repayments On 250M　10 yrs					25,000	25,000	25,000	25,000	25,000	25,000
68 Closing	0	=E64+E65-E66-E67		30,000	275,000	245,000	215,000	185,000	155,000	125,000	100,000

圖 7.20　負債明細表

我們採用 BASE 和螺旋式的配置概念編製了負債明細表。

在這個例子中，Yr1A 年度新增了一筆 4 千萬的貸款，利息為 10%，償還期間為 8 年，而 Yr4A 年度新增了一筆 2 億 5 千萬的貸款，利息同樣是 10%，償還期間為 10 年。其中 4 千萬的那筆貸款以 8 年的時間償還，從 Yr2A 至 Yr9E 年度。2 億 5 千萬的那筆貸款則是從 Yr5A 才開始償還，且之後將再持續償還 9 年。

在這個複雜的模型中，你將針對未償貸款的平均金額計算利息。而未償貸款的平均金額，是由期初未償貸款加上期末未償貸款後除以二求得，不過在 Excel 中，你可以直接利用 AVERAGE 函數來算，如以下螢幕截圖所示：

▲	A	B	C	D	E	F	G	H	I	J	K	L	M	N
1					Yr1A	Yr2A	Yr3A	Yr4A	Yr5A	Yr6E	Yr7E	Yr8E	Yr9E	Yr10E
61	DEBT SCHEDULE													
62														
63		Unsecured Loans												
64		Opening			-	40,000	35,000	30,000	275,000	245,000	215,000	185,000	155000	125000
65		Additions			40,000	-	-	250,000	-	-	-	-	0	0
66		Repayments On 40M	8 yrs			5,000	5,000	5,000	5,000	5,000	5,000	5,000	5,000	
67		Repayments On 250M	10 yrs						25,000	25,000	25,000	25,000	25,000	25,000
68		Closing			0	40,000	35,000	30,000	275,000	245,000	215,000	185,000	125,000	100,000
69														
70		Interest rate			10%	10%	10%	10%	10%	10%	10%	10%	10%	10%
71		Interest			=AVERAGE(E\$64,E\$68)*E\$70		15,250	26,000	23,000	20,000	17,000	14,000	11,250	

圖 **7.21**　利息的計算

利息如下計算：

$$利息 = \frac{(期初負債 + 期末負債)}{2} \times 利率$$

而期末負債則如下計算：

$$期末負債 = 期初負債 + 利息$$

為了方便理解，讓我們假設沒有還款。這樣一來，期末負債就會是期初負債加上應計利息。以下的螢幕截圖便顯示了列有期末結餘（包含應計利息）的負債明細表：

SUM	▼	:	× ✔	*fx*	=E17+E18-E19-E20+E21									
▲	A	B	C	D	E	F	G	H	I	J	K	L	M	N
1					Yr1A	Yr2A	Yr3A	Yr4A	Yr5A	Yr6E	Yr7E	Yr8E	Yr9E	Yr10E
16		Unsecured Loans												
17		Opening			-	40,000	35,000	30,000	275,000	270,000	265,000	260,000	255000	250000
18		Additions			40,000	-	-	250,000	-	-	-	-	-	-
19		Repayments On 40M	8 yrs			5,000	5,000	5,000	5,000	5,000	5,000	5,000	5,000	-
20		Repayments On 250M	10 yrs											
21		Interest												
22														
23		Closing			0	=E17+E18-E19-E20+E21			275,000	270,000	265,000	260,000	255,000	250,000	250,000
24														
25		Interest rate			10%	10%	10%	10%	10%	10%	10%	10%	10%	10%
26														

圖 **7.22**　包含利息的期末結餘

下面的螢幕截圖則顯示了如何透過公式，利用期初與期末負債結餘來計算利息：

SUM	▼	⁝	×	✓	fx	=AVERAGE(E17,E23)*E25							

◢	A	B	C	D	E	F	G	H	I	J	K	L	M	N
1					Yr1A	Yr2A	Yr3A	Yr4A	Yr5A	Yr6E	Yr7E	Yr8E	Yr9E	Yr10E
16		Unsecured Loans												
17		Opening				40,000	35,000	30,000	275,000	270,000	265,000	260,000	255000	250000
18		Additions			40,000	-		250,000		-	-	-		-
19		Repayments On 40M	8 yrs			5,000	5,000	5,000	5,000	5,000	5,000	5,000	5,000	
20		Repayments On 250M	10 yrs											
21		Interest			=AVERAGE(E17,E23)*E25									
22														
23		Closing		0	40,000	35,000	30,000	275,000	270,000	265,000	260,000	255,000	250,000	250,000
24														
25		Interest rate			10%	10%	10%	10%	10%	10%	10%	10%	10%	10%
26														

圖 7.23　使用平均負債計算利息的期末結餘

在上面的兩張螢幕截圖中，我們可看到如何以公式計算包含利息的期末結餘，以及如何以公式計算包含期末負債結餘的利息。若是就讓公式保持這樣，那麼這些公式會在迴圈中不停地反覆計算。這製造出了循環參照，會被 Excel 標記為錯誤。

以下的螢幕截圖便顯示了 Excel 會彈出警告訊息，並標記出循環參照：

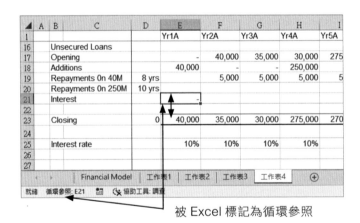

被 Excel 標記為循環參照

圖 7.24　被 Excel 標記為循環參照

為了阻止這類公式的重複執行或持續計算，Excel 會將該公式標記為循環參照。

但有時，我們會故意建立循環參照以達成某種結果。以此例來說，我們想以我們所能採取的最精確方法來預測利息，亦即採用平均利息而非期初或期末負債。

在此，期末負債先是用於計算利息，接著又將該利息用於計算期末負債。這就形成了一個循環。後者的期末負債計算會產生出一個與原始期末負債（用於計算利息的期末負債）略為不同的值。在重複第二次循環後，該差異會縮減，並隨著每一次的重複持續縮減，直到小到可以忽略不計，以致於這兩個期末負債實際相等為止。

為了讓這件事能夠發生，而不會被 Excel 當成錯誤挑出來，我們必須在「Excel 選項」中的「公式」部分啟用反覆運算。以下的螢幕截圖便示範了如何啟用反覆運算：

圖 7.25 允許循環參照的選項

在 Excel 2016 中，請點選「檔案 > 選項」。這時會彈出「Excel 選項」對話方塊。點選「公式」分類後，勾選其中的「啟用反覆運算」項目。接受預設的「最高次數：100」的設定。這表示 Excel 相信，每次額外計算所產生的差異在反覆計算 100 次之後，就變得可以忽略不計或無關緊要。

你要記得事後回頭取消該「啟用反覆運算」項目，以免有一些意料之外的循環參照沒被發現，導致 Excel 當掉，進而造成資料遺失。

⊙ 簡單的做法

如果不需要那麼精準，那麼你可採取較簡單的做法，使用槓桿比率：

$$槓桿比率 = \frac{負債}{股權}$$

一般來說，公司不會頻繁地改變其股本。因此我們可以合理地假設股本將維持不變，而股權只會受到保留盈餘的影響。如此一來，用槓桿比率乘以股權就能得出負債。至於利息的部分，則把利率套用至期初負債結餘即可，如此便能避免任何循環參照。

甚至還有更簡單的做法，這種做法考量的是當公司償還舊債時，通常也會承擔新的負債。因此我們可以假設負債結餘會維持不變。然後就可將利率套用至長期負債的期初結餘，以預測當年度的利息費用。

一旦用我們的計算更新資產負債表和損益表後，三大報表模型的待完成項目就只剩現金部分了。

現在我們已瞭解關於過去歷史資料的一切，在下一節中就讓我們應用這些資料來建立貸款分期償還明細表。

7.6　建立簡單的貸款分期償還明細表

正如在「第 1 章，財務建模與 Excel 簡介」中提過的，貸款分期償還明細表是財務模型的一種類型。其所需做出的整體財務決策，就是是否接受銀行的條件並貸款。

你將建立一組由互相關聯之變數構成的假設，然後將模型設置為對這些變數執行計算，最終得出每期（通常是每月）還款金額。這個金額每個月都必須支付，直到貸款還清為止。而剩下的就是由顧客決定他們能否在整個貸款期間持續負擔這樣的定期還款。

下面是建立分期償還明細表的詳細逐步指引：

1. 假設：第一步是要列出各項假設。

Assumptions	
Cost of Asset	20,000,000
Customer's Contribution	20%
Loan Amount	16,000,000
Interest Rate (Annual)	18%
Tenor (Years)	7
Payment periods per year	12
Interest Rate (Periodic)	1.50%
Total periods	84
Periodic Repayment (PMT)	336,285.41

圖 **7.26** 假設

2. 如圖 7.26 所示的各項假設分別如下：

- **資產成本（Cost of Asset）**：這是你想購入之資產的總成本。在本例中為 20,000,000。

- **顧客的貢獻（Customer's Contribution）**：這是銀行要求顧客對資產成本做出貢獻的部分，通常稱為股權出資，然後銀行會補足差額，而這差額就是貸款金額。在此例中，顧客的貢獻為資產成本的 20%，而銀行提供的貸款為 80%。

- **貸款金額（Loan Amount）**：這是銀行所需提供的貸款金額，相當於資產成本減去顧客的貢獻。在本例中為 16,000,000。

- **利率（年）（Interest Rate (Annual)）**：這是銀行收取的年利率。在本例中為 18%。

- **期限（年）（Tenor (Years)）**：這是貸款的期限。在本例中為 7 年。

- **每年還款期數（Payment periods per year）**：每月還款就是 12 期，每季還款就是 4 期，每半年還款就是 2 期。在本例中為 12 期。

- **利率（期）（Interest Rate (Periodic)）**：這是每期的利率，以利率除以期數求得。在本例中為 1.50%。

- **總期數（Total periods）**：這是用每年的還款期數乘以年數求得。在本例中，就是每年 12 期乘以 7 年，即 12 × 7 = 84。

- **每期還款金額（Periodic Repayment）**：這是用 PMT 函數算出的
金額，如以下螢幕截圖所示：

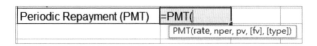

Periodic Repayment (PMT)	=PMT(	
	PMT(rate, nper, pv, [fv], [type])	

圖 7.27　PMT 函數

PMT 函數的引數將取自我們的假設清單，而各引數的說明如下：

- **rate**：這是指每期的利率。

- **nper**：這是指總還款期數。

- **pv**：這是指貸款金額（不是資產成本）。

這些都是必填引數，其餘則為選用引數，而在此我們不會用到選用
引數。

3. 現在假設都已建立完成，我們可以繼續處理分期償還明細表。由於版
面有限，故在此僅擷取明細表的兩個部分，第一部分是從一開頭至第
18 期為止的部分：

Periods	PMT	Interest Paid	Principal Reduction	Balance
0				16,000,000.00
1	336,285.41	240,000.00	96,285.41	15,903,714.59
2	336,285.41	238,555.72	97,729.69	15,805,984.90
3	336,285.41	237,089.77	99,195.63	15,706,789.27
4	336,285.41	235,601.84	100,683.57	15,606,105.70
5	336,285.41	234,091.59	102,193.82	15,503,911.88
6	336,285.41	232,558.68	103,726.73	15,400,185.15
7	336,285.41	231,002.78	105,282.63	15,294,902.52
8	336,285.41	229,423.54	106,861.87	15,188,040.65
9	336,285.41	227,820.61	108,464.80	15,079,575.85
10	336,285.41	226,193.64	110,091.77	14,969,484.08
11	336,285.41	224,542.26	111,743.15	14,857,740.93
12	336,285.41	222,866.11	113,419.29	14,744,321.64
13	336,285.41	221,164.82	115,120.58	14,629,201.06
14	336,285.41	219,438.02	116,847.39	14,512,353.67
15	336,285.41	217,685.30	118,600.10	14,393,753.56
16	336,285.41	215,906.30	120,379.10	14,273,374.46
17	336,285.41	214,100.62	122,184.79	14,151,189.67
18	336,285.41	212,267.85	124,017.56	14,027,172.11

圖 7.28　分期償還明細表的頂端部分

而底端部分的螢幕截圖則顯示了本例共有 84 期：

70	336,285.41	67,307.02	268,978.39	4,218,156.16
71	336,285.41	63,272.34	273,013.07	3,945,143.10
72	336,285.41	59,177.15	277,108.26	3,668,034.84
73	336,285.41	55,020.52	281,264.89	3,386,769.95
74	336,285.41	50,801.55	285,483.86	3,101,286.09
75	336,285.41	46,519.29	289,766.12	2,811,519.98
76	336,285.41	42,172.80	294,112.61	2,517,407.37
77	336,285.41	37,761.11	298,524.30	2,218,883.07
78	336,285.41	33,283.25	303,002.16	1,915,880.91
79	336,285.41	28,738.21	307,547.19	1,608,333.71
80	336,285.41	24,125.01	312,160.40	1,296,173.31
81	336,285.41	19,442.60	316,842.81	979,330.50
82	336,285.41	14,689.96	321,595.45	657,735.05
83	336,285.41	9,866.03	326,419.38	331,315.67
84	336,285.41	4,969.74	331,315.67	-0.00

圖 7.29 分期償還明細表的底端部分

圖 7.28 顯示了分期償還明細表最上端的幾期，而其表頭的說明如下：

- **期數（Periods）**：這代表的是還款的期數，在此例中為 1 至 84。由於希望總期數能夠彈性配合變數的變化，故我們使用了 Excel 365 中的一個新函數 SEQUENCE 來處理期數，如下圖所示：

Periods	PMT	Interest Paid	Principal Reduction
=SEQUENCE(C12+1,,0)			
SEQUENCE (rows, [columns], [start], [step])			

圖 7.30 新的 SEQUENCE 函數

在 SEQUENCE 函數中，rows 引數是指要填入的列數，以本例來說就相當於總期數。該值位於假設清單中的儲存格 C12，故我們指向該儲存格並加 1，因為實際上我們是從 0 開始，且必須停在第 84 期。columns 引數則是指要填入的列數，此為選用引數，我們可直接輸入第二個逗號來忽略它並移至下一個引數。若不為 columns 引數指定任何值，它便會採取預設值 1。接著的 start 引數代表連續數列的起點，本例是從 0 開始。而最後的 step 引數是指從一列到下一列的遞增量，此引數也是選用引數，且預設值為 1。

這是 Excel 365 版的新函數之一，可用來處理陣列。Excel 中的標準函數不論有多複雜，都會在單一儲存格中提供單一結果。而陣列類的函數可在多個儲存格中提供一組結果，故即使在此例中我們只輸入了該公式一次，它卻會傳回從 0 到 84 的多個值：

- **每期還款金額（PMT）**：這是指固定的每期還款金額，由利息和該期的本金償還額構成。

- **支付的利息（Interest Paid）**：這是指每期的利息費用，計算方式是以每期的利率乘以上期期末的未償還貸款餘額。

- **本金償還額（Principal Reduction）**：這是指每期償還的本金金額，以固定的每期還款金額減去支付的利息求得。

- **貸款餘額（Balance）**：這是指每期期末剩下的本金餘額，等於上期期末結餘減去本金償還額。

這個分期償還明細表有一些需要注意之處。其中，固定的每期還款金額包含利息與本金兩部分，亦即部分是利息費用，部分是貸款償還。在第 1 期中，利息的部分大約是本金償還部分的兩倍半。

而往下隨著期數增加，未償還的貸款餘額逐漸減少，利息費用也逐漸變小，本金償還的部分則持續變大，直到第 84 期，超過 98% 的最終還款都屬於本金償還部分，貸款餘額歸零為止。

4. 現在分期償還明細表已設定好，我們可著手讓模型能夠因應變化而產生對應的結果。我們可將顧客的貢獻、利率（年），以及期限（年）這幾個變數設定為能夠接受不同的值。

我們要利用 Excel 的資料驗證功能來達成此目的。

選取**期限值**（目前為 7）所在的儲存格 C9，然後點選「資料」功能區的「資料工具」群組中的「資料驗證」，如以下螢幕截圖所示：

圖 7.31 「資料驗證」選項

這時會開啟「資料驗證」對話方塊,如以下螢幕截圖所示:

圖 7.32 「資料驗證」對話方塊

點開「儲存格內允許」項目的下拉式選單，其中有許多選項可選，如以下螢幕截圖所示：

圖 7.33　「儲存格內允許」下拉式選單

選取「清單」，然後在「來源」方塊中輸入以下選項：「3, 5, 7, 10, 12」，如圖 7.32。再按「確定」鈕。

這時在儲存格 C9 旁便會出現一個箭頭朝下的按鈕，點按該按鈕會顯示出下拉式選單，而選單中的選項正是你剛剛輸入至「資料驗證」對話方塊中「來源」方塊裡的各個值，如以下螢幕截圖所示：

Assumptions	
Cost of Asset	20,000,000
Customer's Contribution	20%
Loan Amount	16,000,000
Interest Rate (Annual)	18%
Tenor (Years)	7
Payment periods per year	3
	5
Interest Rate (Periodic)	7
Total periods	10
	12
Periodic Repayment (PMT)	556,285.41

圖 7.34　「來源」選項

如此一來，你就能用該選單中的任一個值來取代目前的期限值，並觀察該值對明細表的影響。

例如，利用該選單將**期限（Tenor）**設為 5 年，然後檢視各假設項目的變化，如下圖：

Assumptions	
Cost of Asset	20,000,000
Customer's Contribution	20%
Loan Amount	16,000,000
Interest Rate (Annual)	18%
Tenor (Years)	5 ▾
Payment periods per year	12
Interest Rate (Periodic)	1.50%
Total periods	60
Periodic Repayment (PMT)	406,294.84

圖 7.35　期限設為 5 年時的各個參數

會隨之改變的是**每期的利率（Interest Rate (Periodic)）**、**總期數（Total periods）**和**每期還款金額（Periodic Repayment）**。下面的螢幕截圖則顯示出了明細表中各列值的變化：

50	406,294.84	61,377.65	344,917.19	3,746,925.99
51	406,294.84	56,203.89	350,090.95	3,396,835.04
52	406,294.84	50,952.53	355,342.31	3,041,492.72
53	406,294.84	45,622.39	360,672.45	2,680,820.28
54	406,294.84	40,212.30	366,082.53	2,314,737.74
55	406,294.84	34,721.07	371,573.77	1,943,163.97
56	406,294.84	29,147.46	377,147.38	1,566,016.59
57	406,294.84	23,490.25	382,804.59	1,183,212.00
58	406,294.84	17,748.18	388,546.66	794,665.34
59	406,294.84	11,919.98	394,374.86	400,290.48
60	406,294.84	6,004.36	400,290.48	0.00

圖 7.36　5 年期貸款的分期償還明細表末尾部分

你可看到，在第 60 期結束時，餘額歸零。新的 SEQUENCE 函數會自動將期數轉換成 60 年期。而現在的每期還款金額是 406,294.84。

你也可對其他變數如**顧客的貢獻**（Customer's Contribution）和**利率（年）**（Interest Rate (Annual)）等如法炮製，利用資料驗證功能，使模型能夠因應其變化而產生對應的結果。

7.7 總結

在本章中，我們已見到固定資產與負債明細表的重要性。本章已說明這兩者會如何影響資產負債表、損益表以及現金流量表。我們已學到 BASE 和螺旋式的概念，還有編製固定資產、折舊與負債明細表的複雜與簡單做法。

同樣值得注意的是，即使不是要建模，對所有公司來說，將資產與負債的明細表做為其會計程序的一部分加以維護，依舊是很好的做法。這有助於追蹤非流動資產和負債。

我們已學會如何編製簡單的貸款分期償還明細表，也學到了 Excel 365 的其中一個新函數 —— SEQUENCE 函數，我們還見識到了如何結合此函數與分期償還明細表，以生成還款期數的動態編號清單。

在下一章中，我們將執行最後的計算並編製現金流量以得出精準的報表，這應會讓我們的資產負債表平衡，從而完成三大報表模型。

編製現金流量表

有位智者曾說過:「收益是虛榮,利潤是理智,而現金才是現實。」機構實體的損益表提供了該年度期間收益活動的成果(獲利或損失),而資產負債表則提供了該日期的資產、負債與權益的概況。但這兩種報表都會受到會計的應計基礎影響,所謂的應計基礎是為了確保無論現金是否已轉手,屬於審查期間的所有交易都會被計入該期間的帳目。這意味著,你的營業額(或銷售額、收入)可能沒有現金流入的支援,因為有些銷售是以賒帳方式交易,且可能在期末前都還未支付。而這也影響了採購、庫存,以及預付(如租金和保險)或應計(如電費)的費用。由於機構實體要能夠存續,就必須具備還清到期債務的能力,因此有必要瞭解真實的現金部位及其對交易的影響。在這個後疫情時代,當如此多機構實體的存續都岌岌可危之時,這點尤其重要。

現金流量表將一切都分解為現金的流入與流出,從期初的現金部位開始,結束於期末的現金結餘。在真正的會計方法中,此期末現金結餘等於資產負債表中的期末現金結餘,這提供了我們一種確認的辦法,讓我們能確認為了擷取現金部位所進行之時而複雜的計算確實準確無誤。

在本章中，你將學習如何編製現金流量表。你將瞭解編製此報表的直接與間接做法有何差異。你還會學到現金流量表是由哪些部分所組成，以及如何從損益表和資產負債表擷取這些部分的各個項目。你將學習解讀現金流量表，並學習在此表不平衡時為其除錯。

本章將說明下列這些主題：

- 現金流量表簡介

- 營運的現金流

- 投資活動的現金流

- 財務活動的現金流

- 平衡資產負債表

- 除錯

- 循環參照

8.1　現金流量表簡介

依據我們的議程，下一個階段是現金流量表的編製：

- 記錄歷史損益表和資產負債表

- 計算歷史成長驅動因素

- 預估損益表和資產負債表的成長驅動因素

- 建立預測的損益表和資產負債表

- 編製資產與折舊的明細表

- 編製負債的明細表

- 編製現金流量表

- 比率分析

- DCF 評價法

- 其他評價法

- 情境分析

你應該還記得，我們在「第 2 章，建立財務模型的步驟」中建立了一個視覺化的檢查標記，該標記會指示資產負債表是否處於平衡狀態。當資產負債表不平衡時，該檢查儲存格會呈現為紅色，而當報表恢復平衡，該儲存格就會轉為綠色，如下圖所示。

圖 8.1 顯示出預測年份的部分不平衡，而資產負債表的過去歷史部分則當然有保持平衡：

		TRUE	TRUE	TRUE	FALSE	FALSE	FALSE	FALSE	FALSE
	Balance Check								
	(Unless otherwise specified, all financials are Units	Y01A	Y02A	Y03A	Y04F	Y05F	Y06F	Y07F	Y08F
	CASH FLOW STATEMENT								
	Cashflow from Operating Activities								
	PAT	13,787	1,850	13,309	13,318	23,312	33,684	44,449	
	Add: Depreciation	10,000	10,000	30,000	30,000	30,000	30,000	30,000	
	Add: Interest Expense	3,750	3,250	15,250	26,000	23,000	20,000	17,000	
	Net Change in Working Capital								
	Add: Increase in Accounts payable	3,524	(223)	(1,759)	1,865	(1,758)	1,866	(1,758)	
	Less: Increase in Inventory	(2,462)	(3,724)	7,201	(7,331)	7,201	(7,331)	7,201	
	Less: Increase in Account Receivables	(10,704)	(4,333)	2,089	(5,252)	1,946	(5,402)	1,789	
	Net Change in Working Capital	(9,642)	(8,280)	7,532	(10,717)	7,389	(10,867)	7,232	
	Cashflow from Operations	17,895	6,820	66,091	58,600	83,701	72,816	98,681	

圖 8.1 資產負債表的檢查標記

現金流量表分為三個主要部分：**營運的現金流（Cashflow from Operations）**、**投資活動的現金流（Cashflow from Investment Activities）**，以及**財務活動的現金流（Cashflow from Financing Activities）**。

而現金流量表有兩種編製方法，**直接法**與**間接法**。兩者的不同之處在於對營運現金流的處理方式。投資與財務活動的處理在這兩種方法中是一樣的。直接法較好但較不普及。在直接法中，營運的現金流是透過考量以下這些項目而得出：

- 從顧客那兒收到的現金

- 支付給供應商的現金

- 支付給員工的現金

- 為銷售與分銷支付的現金

- 支付稅款的現金

- 支付其他經常費用的現金

這方法之所以較不普及，原因就在於，要取得所需資訊以得出在這些項目上收到或支付的現金相當困難。

間接法則是從會計的稅後利潤著手。由此，先扣除在計算利潤時已考量到的不涉及現金流動的項目，例如折舊。然後依據營運資本的變動進行調整，這部分將詳述於後續「營運資本的變動」一節中。

現金流量表顯示了來自營運、投資活動及財務活動的現金流入與流出。接著將現金的期初結餘加上或減去現金的淨流入或流出，以得出現金的期末結餘與約當現金，而這應與資產負債表上的對應數字一致。對預測的年份來說，資產負債表上並無現金數字存在，故我們需要利用這種資產負債表/現金流量的關係來得出預測年份的預估現金。

現在我們要來進一步研究營運的現金流部分。

8.2　營運的現金流

營運的現金流就是指來自營運活動的現金流。如果會計帳目是以現金基礎編製，就會只是單純地將營業額減去所有費用。

然而損益表不同於現金流量表，它不會等到交易的現金問題都確實結清之後才認可交易。舉例來說，如果你賣出了新台幣 100,000 元的商品或服務，且顧客也已收到該商品或服務，但顧客尚未付款，那就沒有現金上的

流動。但你和你的顧客都認同這筆銷售已成交，商品的所有權和保管權也的確已經移轉。因此，損益表會將之記錄為賒銷（賒帳銷售），營業額增加 100,000，並完成複式記帳，以該顧客的名義建立應收帳款，表示他們欠你 100,000。

這是會計的應計基礎原則，規定了收入應記錄在賺取該收入的期間，而費用應與其所幫助產生的收入相對應。此原則貫徹於整個會計帳目，所影響的項目包括如預付租金（只有當年度的租金應通過損益表）、電力已使用但電費帳單還沒到（在損益表中記錄電費支出），以及採購必須依期初和期末庫存來調整，以確保只有已售出商品的成本會反映在損益表中等。

在這些例子中，實際的現金流量會與計入損益表的金額不同。這在經濟學上很合理，同時也是得出各期間之真實損益的必要條件。然而就如先前曾引用過的：「收益是虛榮，利潤是理智，而現金才是現實。」不論一家公司記錄了多少利潤，若沒有現金支持，該公司遲早會破產。這正是現金流量表如此重要的原因。

那麼，來自營運活動的現金流可如下推導而得：

1. 當年度的會計利潤，**稅後利潤（PAT）**：將本應包括在當年度利潤計算中的不涉及現金流動的項目加回，例如折舊（Depreciation）。由於在計算利潤時已將這類項目做為費用扣除，故我們必須將之加回至 PAT，如以下螢幕截圖所示。

2. 我們還要將利息費用（Interest Expense）加回至 PAT。雖然利息費用是現金流，但這屬於債務融資的成本，因此算在財務活動下會更為恰當。

6	*(Unless otherwise specified, all financials are* Units	Y01A	Y02A	Y03A
113	**CASH FLOW STATEMENT**			
114				
115	**Cashflow from Operating Activities**			
116	PAT		13,787	1,850
117	Add: Depreciation		10,000	10,000
118	Add: Interest Expense		3,750	3,250
119				

圖 8.2 來自營運活動的現金流

我們接著要繼續處理營運資本的變動對現金的影響。

◉ 營運資本的變動

這最後的調整是要交代會計之應計基礎的影響。簡單地說就是，若債務（屬於營運資本的一部分）在過去的一年間有增加，便意味著有等量的金額已做為賒銷計入營業額，這不是現金的流動，故應扣除。另一方面，若債務有減少，則意味著有些債務人已經結清其欠款，這是一種現金流動。同理，若債權有增加，便意味著有等量的金額已做為賒購（賒帳購買）計入採購，這也不是現金的流動。而債權的減少表示公司已付款給供應商，這就屬於該交易的現金流部分。

圖 8.3 說明了營運資本的變動計算：

6	*(Unless otherwise specified, all financials are* Units	Y01A	Y02A	Y03A	Y04F
119					
120	**Net Change in Working Capital**				
121	Add: Increase in Accounts payable			3,524	(223)
122	Less: Increase in Inventory			(2,462)	(3,724)
123	Less: Increase in Account Receivables			(10,704)	(4,333)
124	**Net Change in Working Capital**			(9,642)	(8,280)

圖 8.3　營運資本的變動

這是許多分析師和會計師覺得最麻煩的部分。我們在比較本年度和前一年度的期末資產負債表，而兩者間的差異提供了營運資本的該部分的變動。營運資本的組成部分包括了**庫存、債務或應收帳款、債權或應付帳款**，以及所有其他可算入這些類別的帳目。請注意，這些全都是短期的結餘。困難之處在於判斷計算出的差距代表的是資金的流入還是流出。此變動只能是四件事中的一件：債務與庫存的增加或減少（由於這兩者都屬於借方餘額，故我們將兩者一起考慮），或者債權的增加或減少。其訣竅是考量具明顯現金邏輯推論的變動。所以說，從債務的減少可推論有一些債務人已經付款，這顯然是現金的流入。而反之亦然，也就是債務的增加便是現金的流出。

相對地，從債權的減少可推論公司已結清了一些供應商帳單，故為現金的流出。而這意味著債權的增加就是現金的流入。接著將利潤（已針對不涉及現金流動的項目做了調整）加入至營運資本的變動中，以得出營運的現金流。營運資本的這種變動有效地將我們的利潤從應計基礎轉換成了現金基礎。此外，稅務交易的現金影響通常會在此處理。會影響稅額的結餘是期初與期末應付稅款（資產負債表），以及當年度的稅費（損益表）。

稅務事項所產生的現金流通常都是已繳稅的。而其算法是以期初應付稅款加上當年度的稅費，再減去期末應付稅款。在下一節中，我們要來考量**投資活動**的部分。

8.3　投資活動的現金流

投資活動的現金流包括了以下活動所產生或使用的現金：

* **不動產、廠房及設備（Property, Plant, and Equipment，簡稱 PPE）的出售或購買**：PPE 的購買相當簡單直覺，且可從固定資產明細表的新增部分取得。而 PPE 的出售應會以獲利或損失反映在資產處分的帳目上。這可藉由比較出售所得款項與所出售資產的帳面淨值（成本減去累計折舊）得出。處分的獲利會與折舊一同從營運利潤中轉回，因為這些不涉及現金的流動。**出售所得**是交易的現金部分，其計算方式為資產的出售獲利加上所出售資產的帳面淨值。

* **投資商品的出售或購買**：用於購買投資商品的現金，在考量任何的出售之後，只會是對投資的增加。出售投資商品所產生的現金，就是投資商品的出售獲利加上投資商品的出售成本。

* **來自投資的盈餘分配**：為了在此納入這些部分，你必須先確定已將它們排除在當年度的利潤之外，因為它們有可能已被列為其他收入。

圖 8.4 便舉例說明了投資的現金流的計算方式：

6	*(Unless otherwise specified, all financials are* Units	Y01A	Y02A	Y03A
128	**Cashflow from Investment Activities**			
129	Less: Capex		-	-
130	Add: Proceeds from Disposal of Assets			
131	Less: Increase in WIP			
132	Less: Increase in Investments		648	(6,557)
133	**Cashflow from Investment Activities**		**648**	**(6,557)**

圖 8.4　來自投資活動的現金流

最後，在下一節中，我們要來考量財務活動的部分。

8.4　財務活動的現金流

財務活動的現金流包括了以下活動所產生或使用的現金：

- 長期負債的增加 / 減少。

- 股本的增加。

- 長期負債的利息支付。同樣地，要在此納入這部分，就必須先將其排除於當年度的利潤計算之外。

圖 8.5 便說明了財務活動的現金流：

6	*(Unless otherwise specified, all financials are* Units	Y01A	Y02A	Y03A
134				
135	**Cashflow from Financing Activities**			
136	Add: New Equity Raised			
137	Add: New Unsecured Loans Raised		-	-
138	Less: Unsecured Loans Repaid		(5,000)	(5,000)
139	Less: Dividends Paid			
140	Less: Interest Expense		(3,750)	(3,250)
141	**Cashflow from Financing Activities**		**(8,750)**	**(8,250)**

圖 8.5　來自財務活動的現金流

接著，我們要匯總來自不同來源的現金流，以得出淨現金流入 / 流出：

圖 8.6 淨現金流與現金的期末結餘

編製現金流量表，照例，要以期末的現金結餘數字做結。然後，將此數字記入資產負債表做為所預測年份的現金與約當現金。

若現在資產負債表已平衡，那就表示至此階段為止，我們的模型在數學上是正確的。否則我們就必須展開繁瑣的除錯程序以找出錯誤。

圖 8.7 現金流量表

這就是完整的現金流量表，而其中的期末現金結餘會被記入至對應的資產負債表，而從所有明細表都可看到的結餘檢查將顯示各明細表現在都處於平衡狀態。

期末現金結餘會被記入至資產負債表做為流動資產下的現金與約當現金。然而必須注意的是，結餘有可能為負值，在這種情況下就該反映為流動負債下的透支。由於我們不知道該結餘會是正的還是負的，更何況它還可能會因為後續的修改而改變，故我們必須把模型建立成會在該現金結餘為正值時記入至現金與約當現金，而為負值時則記入至透支。

通常，當我們需要為取決於邏輯問題（答案為 true（真）或 false（偽）的問題）的情況進行建模時，第一個想到的就是 IF 陳述式。例如，假設游標位在儲存格 J35 的現金與約當現金處，而你希望將此與現金流量表中儲存格 J86 處計算出的現金結餘建立關聯，那麼你可輸入「= J86」，則按下 Enter 鍵後該現金結餘就會出現在儲存格 J35 中。

若要用 IF 陳述式將上述的不確定性整合進來的話，那麼可輸入「=IF(J86>0,J86,"")」。這指定了，若現金結餘為正值（大於 0），就將該現金結餘放入儲存格 J35，否則該儲存格就留空。

接著在對應的透支儲存格中，假設是儲存格 J45，則輸入「=IF(J86>0,"",-J86)」。這指定了，若現金結餘為正值（大於 0），就讓該儲存格留空，否則將該現金結餘的符號由負改為正，並放入至儲存格 J45。不過這部分還有更精簡漂亮的處理方式，亦即利用 MIN 和 MAX 函數來處理。只要在儲存格 J35 中輸入「=MAX(J86,0)」，此公式就能確保現金結餘和 0 這兩者中最大的那個值會被放入至儲存格 J35。請想想，正值永遠都比 0 大，因此一律會被視為現金與約當現金。接著在儲存格 J45，透支處，則輸入「=-MIN(J86,0)」。此公式能確保每當現金結餘為負

值時，一律會被記入至儲存格 J45，否則該儲存格就記入 0。一旦完成這樣的資料記入後，資產負債表應該就會平衡，而我們的結餘檢查儲存格應該都會變成綠色的。若情況並非如此，那我們就必須進行除錯以找出錯誤來源。

8.6　除錯

第一步是要檢查現金流量表的正確性。由於過去的年份一定都會有現金或透支的結餘，故我們可根據資產負債表的現金來核對那些年份的現金流量與現金結餘。

如果結餘不一致，就必須再次檢查現金流量項目：

1. 首先，檢查總額是否有任何計算錯誤。

2. 接著，確認差距並將之除以二。逐一檢查現金流，看看是否有任何金額與此數字相等。這是在檢查是否有錯將某個本應為正值的數字記入為負值，或反之將本應為負值的數字記入為正值。

3. 檢視資產負債表與損益表，看看是否有某個金額和步驟 1 所計算的完整差距值相等。這是在檢查是否有遺漏現金流中的某一筆金額。

4. 檢視資產負債表與損益表，看看是否有任何帳目或結餘未計入至現金流中。當有不規則的帳目或變動（例如股本溢價、特別準備金、過往年度調整）時，就常會發生這種錯誤。

5. 完成歷史現金流量表與歷史資產負債表的核對後，結餘檢查現在應該都為綠色。若它們依舊不是綠色，那就必須將除錯範圍擴大至模型的其餘部分。

現金流量表不只是為了替預測年份生成現金結餘，此表的解讀也可為該公司的流動性提供有用的見解。

就公司的健康而言，正的現金流顯然是個好跡象。正的營運現金流表示該公司目前有產生足夠的現金可支付其營運成本。而另一方面，負的營運現金流則表示該公司必須尋求投資和 / 或財務活動以彌補短缺。

負的現金流並不是個應要令人立刻感到恐慌的徵兆。但若這樣的損失持續數年，該公司就有破產的危險。

8.7　循環參照

假設你的儲存格 A1 到 A4 中都有資料，而你在儲存格 A5 中輸入「=SUM(A1:A6)」。那麼這就會被 Excel 標記為循環參照錯誤，因為你把答案儲存格 A5 也納入至加總範圍。

在複雜的模型中，你可能會基於下述理由故意建立循環參照。

在一般情況下，公司會將多餘的現金用於投資，以賺取利息。但另一方面，當現金透支時，便會產生利息負擔。若要擴充模型以包含這種情況，我們就必須擴展現金流量表，以納入現金結餘所賺取或被收取的利息。然後這些利息會從損益表裡現有的利息費用中減去或增加，而這就改變了 PAT。由於 PAT 連結至現金流量表，故這也會導致期末現金結餘發生變化，進而影響該結餘所賺取或被收取的利息，就這樣繼續循環，於是形成循環參照。在每個循環之中，現金流量表的期末現金結餘所賺取或被收取之利息的變化會不斷縮小，最後趨近為零。

注意事項

為了刻意建立出循環參照，你必須在「Excel 選項」中的「公式」部分勾選「啟用反覆運算」項目，以要求 Excel 允許循環參照。而「最高次數」設定可留用「100」。

除了專家級的使用者外，我不建議任何人使用這種循環參照的做法，而且即使要用，也只限於不與他人分享模型的情況，其原因就如下述。

很不幸地，循環參照在啟用時，是出了名地不可靠，且會導致 Excel 變得不穩定。一旦發生這種狀況，Excel 在工作表中填入資料時便會出錯。於是你就必須花時間徹底檢查模型，以手動方式將循環的來源儲存格歸零才行。或者，你可利用不含循環參照的備份檔來復原資料。除了專家級的 Excel 使用者外，這對所有人來說都是相當令人驚慌的，更何況還可能因此損失好幾個小時的建模時間。而避免此慘劇的最好辦法，就是從一開始就加入循環斷路機制。

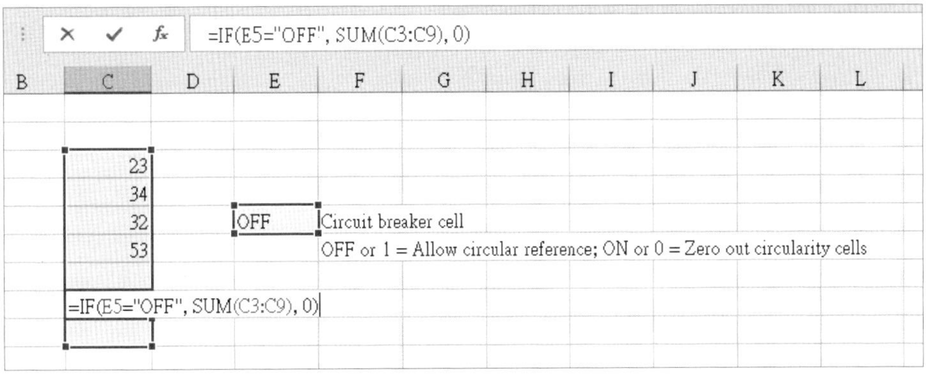

圖 8.8　循環參照

為此，請指定一個空的儲存格做為循環斷路器，假設是儲存格 E5，然後在其中輸入「OFF」或「1」。若要啟動循環斷路器（不允許循環參照），就輸入「ON」或「0」，使含有循環的儲存格歸零。接著在 IF 陳述式中納入含有循環參照的儲存格，而其邏輯問題為「E5="OFF"」或「E5=1」。若此問題的答案是 true（真），就允許含有循環參照的公式執行，不然就將其值設為 0。循環斷路器的預設值應為 OFF，如此一來當該公式無法正確執行時，只要在循環斷路器的儲存格中輸入「ON」，即可觸發 IF 陳述式中的 0 來清除循環。別忘了，Excel 會不斷地重新計算公式儲存格，所以這問題可能會經常發生。此外容我再次重申，這種做法只應由專家級的使用者在不與他人分享模型的情況下採用。

8.8　總結

在本章中，你已學到現金流量表的重要性。你已瞭解該報表中的不同元素，以及如何計算這些元素。此外你還學到了，營運的現金流代表的是公司為其營運產生足夠資金的能力，以及營運資本的變動會做出調整，將應計基礎會計轉換成現金基礎會計。

我們已瞭解要如何擷取財務與投資活動的現金流，還有最後，我們學到了如何算出當年度的期末現金結餘，並用它來平衡資產負債表。

至此，我們已完成了三大報表模型，而在下一章中，我們將執行一些比率分析，以進一步了解公司的預期業績。

CHAPTER
09

比率分析

要評估一家公司時，大多數人都會立刻查看其過去的獲利狀況。雖說這的確是評估公司的參數之一，但只依此標準來評估可能會導致錯誤的決策。正如我們在「第8章，編製現金流量表」中已見過的，利潤並不總是等同於現金，而且即使是最賺錢的公司，若其利潤沒有現金流的支援，依舊可能會倒閉。

比率分析著眼於一家公司的獲利能力、流動性、資產管理／效率、負債管理及市場價值，好為決策提供更可靠的基礎。每個比率都會從財務報表取用兩個策略項目，並考察兩者之間的關係，以深入瞭解該公司的獲利能力及流動性等。例如考察營業額與毛利的比率，這兩者都是財務報表之綜合損益表中的重要項目。

毛利除以營業額的比率能告訴我們，從營業額中扣除銷售成本後，營業額剩下多少部分為毛利。這是個非常重要的比率，稱為毛利率（當乘以100轉換為百分比時）或毛利潤率（維持為分數形式時）。

在本章中，我們將說明下列這些主題：

- 瞭解比率分析的意義與好處

- 學習各類比率

- 解讀比率

- 瞭解比率分析的限制

9.1　瞭解比率分析的意義與好處

比率是以一個項目除以另一個項目計算而得。以我們的例子來說，我們考察的是財務報表，所以用來計算的項目便來自財務報表，例如用利潤除以營業額。但我們不會從財務報表隨機挑選項目來做除法計算。我們要挑選其比率具有意義且能提供資訊以幫助決策的項目。就拿利潤除以營業額這個例子來說，這個比率，也稱為利潤率，會告訴我們每一元的新台幣營業額產生了多少利潤。

比率通常以百分比表示，但也可用倍數或天數表示，而 20% 的利潤率就意味著在扣除所有相關項目後，該公司還有營業額的 20% 為利潤。換言之，當期的利潤就是營業額的 20%。

為單一期間計算的這些比率本身，有助於將管理階層及部門主管的注意力引導至值得注意的部分。不過管理階層往往能取得第三方所無法取得的其他內部資訊，因而可從當年度的比率中汲取出更多意義。故若這些比率所計算的是一段較長的期間，能夠建立出趨勢，那就會更有用。對公司的外部利益團體（例如投資者）來說，這點尤其重要。例如投資者只能夠取得已公開的財務報表。因此對投資者及其他外部利益團體來說，從財務報表算出來的比率格外有意義。比率應要連續計算數年，以確保其結果真實反映了該公司的業績與潛力。接著可將其結果與類似的公司及該公司所在之業界的標準做比較，此外亦可做為預測的基礎來運用。

9.2 學習各類比率

比率有數千種，我們很容易就會被沖昏頭。不過比率可分為五大類：

- 獲利能力
- 流動性
- 效率
- 負債管理
- 市場價值

接著我們便要來分別探討各類別中的幾個例子。

◉ 獲利能力

這類比率衡量的是一家公司將營業額轉化為利潤的能力。獲利能力類的比率通常被稱做利潤率（margin），通常意味著要除以營業額。所以我們有所謂的毛利率，計算方式如下：

$$\frac{毛利\,\%}{營業額}$$

毛利為營業額減去銷售成本。有時，當一家公司虧損時，如果有毛利，就還能得到一點安慰。這意味著直接成本已支付，且對經常費用或行政開支有一定的貢獻。一家公司一旦經營數年，其每年的毛利率往往會趨於穩定，因為毛利率通常反映了該公司的加價政策，而加價政策一般並不會經常更改。如果毛利率非常低，或甚至是負的，那就可以公平地斷定該公司有麻煩了，應該要努力改善此比率以免破產。這個比率對管理階層來說特別重要，畢竟他們是負責訂定公司的加價政策的人。

另外也還有其他獲利類別的利潤率可計算，而這些利潤比率的實用性取決於評估者所屬的利益團體。

債務的提供者期望對方償還本金加上利息，因此他們會對利息前的利潤，亦即會對所謂的**息稅前收益（EBIT）**有興趣。EBIT 利潤率的計算方式如下：

$$\frac{EBIT\%}{營業額}$$

此利潤率越高，投資者就越相信該公司能夠於到期時償還本金與利息。在分配公司的利潤時，最後才會考慮到的是股權持有者及股東。例如唯有在折舊、利息和稅金都處理完之後，你才能得出可用股息形式分配給股東的利潤。所以股權持有者會對**稅後利潤（PAT）**特別有興趣。他們最有興趣的獲利能力類比率是 PAT 利潤率，其計算方式如下：

$$\frac{PAT\%}{營業額}$$

息稅折舊攤銷前收益（EBITDA）受到不少分析師的歡迎，因為這些分析師認為它能讓使用者觀察公司在受到各種影響之前的業績表現，這些影響包括了以折舊形式受到的**資本支出政策**影響、以利息形式受到的負債偏好影響，以及以稅收形式受到的政府政策影響等。EBITDA 因此被視為公司財務健康的一個更純粹的指標。EBITDA 利潤率的計算方式如下：

$$\frac{EBITDA\%}{營業額}$$

此利潤率越大的公司，在財務上就越健康。

◉ 流動性

流動性是一家公司能否在到期時履行其義務的最重要指標之一。換句話說，從流動性可看出一間公司能否持續經營並於可預見的未來繼續存在。流動性類的比率是在比較一家公司的流動資產與其流動負債。

若短期資產不足以支應短期負債，那麼這就是管理階層需要採取行動以避免公司面臨問題的第一個警訊。**流動比率**的計算方式如下：

$$\frac{流動資產}{流動負債}$$

我們很難明確指出怎樣的數字代表好的流動比率，不過一般認為 1.5 到 2 的比率算是足夠而適當。遠低於此範圍的數字表示該公司可能難以償還到期的債務。而另一方面，非常高的比率則表示可用來賺取收入的現金被綁住了。流動資產主要是由庫存、交易應收帳款及現金所組成。

速動比率認同庫存不像其他流動資產那麼容易轉換為現金，因此將流動資產減去庫存後再與流動負債做比較。速動比率的計算方式如下：

$$\frac{流動資產 - 庫存}{流動負債}$$

最嚴格的流動性檢驗是所謂的**酸性測驗比率**，它比較的是現金和流動負債。酸性測驗比率的計算方式如下：

$$\frac{現金}{流動負債}$$

此比率著眼於最糟的情況，它顯示了一家公司滿足其短期債權人的即時清算需求的能力。

◉ 效率

效率類比率衡量的是一家公司運用其資源並管理其負債以產生收入的能力。

而這些比率我們也曾在「第 6 章，瞭解專案並建立假設」中討論過，接著就讓我們來看幾個效率類比率的例子。

庫存天數

這是我們用於建模的關鍵比率之一：

$$\frac{平均庫存}{日銷貨成本}$$

平均庫存是取期初庫存與期末庫存的平均值，而日銷貨成本則由當年度的銷貨成本除以 365 求得。其結果以天數表示，代表了庫存於售出前的停留時間。

公司應保持足夠的庫存以及時滿足顧客需求，然而保留過多庫存或是持有庫存的時間過長，都會導致額外的成本產生。因此管理階層必須在這兩者之間找到平衡。

應收帳款天數

這是另一個非常重要的比率，而其計算方式如下：

$$\frac{平均應收帳款}{日賒銷額}$$

平均應收帳款是取期初與期末應收帳款的平均值，而日賒銷額則由當年度的賒銷額除以 365 求得。其結果以天數表示，代表了顧客以賒帳方式購買該公司商品到實際付費所需花費的時間。

管理階層必須讓顧客有足夠的時間來支付商品與服務的費用，藉此鼓勵顧客繼續與該公司做生意。不過賒帳期限也不該太寬鬆，因為這可能會導致現金流的問題。

應付帳款天數

應付帳款天數是另一個衡量管理效率的好指標。

$$\frac{平均應付帳款}{日銷貨成本}$$

平均應付帳款是取期初與期末應付帳款的平均值，而日銷貨成本則由當年度的銷貨成本除以 365 求得。其結果以天數表示，代表了該公司以賒帳方式購買供應商商品到實際付費所需花費的時間。管理階層應要在不嚇跑供應商的前提下，盡量為賒購的付款爭取更長的時間。

資產平均報酬率

資產報酬率（ROA）衡量的是一家公司利用其資產產生利潤的效率高低。

$$\frac{EBIT\%}{平均總資產}$$

EBIT 是指息稅前收益，而平均總資產就是期初與期末總資產的平均值。

這是個非常重要的比率，因為它提供了一些獲利能力類比率的背景資訊。以如下的 ROA 資料為例：

	Company A N	Company B N
Turnover	20,000,000	10,000,000
EBIT	2,000,000	100,000
Opening Total Assets	80,000,000	15,000,000
Closing Total Assets	100,000,000	30,000,000
Average Total Assets	90,000,000	22,500,000
Return on Total Assets	2.2%	4.4%

圖 9.1 總資產報酬率

第一眼看去，A 公司（Company A）似乎較有吸引力，其營業額（Turnover）是另一間公司的兩倍，息稅前收益（EBIT）也是兩倍。但進一步仔細觀察便會發現，A 公司運用 9 千萬新台幣的資產產生出 2 百萬的利潤，而 B 公司（Company B）只用 2250 萬新台幣的資產就產生出了 1 百萬的利潤。

換言之，比起 A 公司的資產平均報酬率僅有 2.2%，B 公司則為 4.4%，顯見其在資產的運用上是更有效率的。

平均已動用資本報酬率

已動用資本報酬率（ROCE）的計算方式如下：

$$ROCE = \frac{EBIT\%}{平均已動用資本}$$

此比率判定了一家公司利用其資本的效率。已動用資本是指負債與股權資本，且可如下計算：

$$已動用資本 = 總資產 - 流動負債$$

這是最受歡迎的比率之一，而它是用來比較不同公司在利用其資本時的節約能力。ROCE 越高，就表示資本的運用越有效率。ROCE 沒有該追求的絕對目標數值，而且就和其他的比率一樣，要連續計算數年才更有意義。不過一般都會期望 ROCE 要高於資本成本就是了。

平均股東權益報酬率

股東權益報酬率（ROE）的計算方式如下：

$$ROE = \frac{PAT\%}{平均股東權益}$$

PAT 是指稅後利潤。此比率之所以使用淨收益或 PAT，而非 EBIT，是因為在計算可歸屬於股權持有者的利潤之前，必須先支付利息和稅款。

重新整理「資產 = 負債 + 股東權益」的會計等式，便可得到「股東權益 = 資產 - 負債」。這是確定股東權益的另一種方法。ROE 衡量的是一家公司運用其股權資本的效率及獲利能力。

◉ 負債管理

負債管理類的比率衡量的是一家公司的長期償債能力。其中槓桿或負債權益比率的計算方式如下：

$$槓桿比率 = \frac{負債}{股權}$$

此比率衡量的是，相對於倚賴股權籌資，一家公司倚賴債務融資的程度。此比率越高，就表示該公司對外部債務的倚賴程度越高。高槓桿的公司必須確保它能滿足長期債權人的期望，以免他們提前收回債務而導致公司癱瘓。

利息覆蓋率

這個比率對債權人來說非常重要：

$$利息覆蓋率 = \frac{EBIT}{利息}$$

此比率衡量的是一家公司是否有產生足夠的利潤可輕鬆支付外部債務成本，亦即利息。

◉ 市場價值

這類比率對投資分析師來說非常有用。

$$每股盈餘（EPS）= \frac{稅後利潤}{普通股股數}$$

若有特別股，則會在除以普通股股數之前先將特別股股息從稅後利潤（PAT）中扣除。

EPS 比率也可被歸類為獲利能力類。而我們之所以把它放在這裡討論，是因為 EPS 是個很受歡迎的市場指標，代表了每一股普通股擁有公司的多少利潤。

$$市盈率（本益比）= \frac{市場價格（股價）}{EPS}$$

本益比衡量的是投資者願意為一家公司的利潤或收益付出多少。

9.3　解讀比率

一家公司的投資者和其他外部利益團體通常只能取得該公司的財務報表，但在試圖評估一家公司時，財務狀況本身的功用又很有限。比率對這類利益團體來說是個有價值的工具，比率給了他們機會以標準化的方式，使用廣為接受的參數來評估各個公司。

試圖比較不同規模、位於不同地理位置或財政管轄區，又或是不同性質的公司，通常都非常主觀。比率分析藉由將重點放在績效而非營業額或利潤的絕對大小，來提供一個公平的競爭環境。效率、獲利能力與流動性或多或少與所涉及之各參數（例如營業額、資產、利潤及負債等）的絕對大小無關。

比率分析讓我們能對各式各樣的公司進行比較，也讓分析師們能為不同的比率設定基準，以便各公司可根據這些基準來評估自己的表現，並找出需要改進的部分和做得好的部分。

管理階層可利用比率分析來監控部門主管的績效。他們可運用比率分析來針對獎勵或獎金設定目標及門檻。比率若是跨多個期間計算，便可能顯現出某種趨勢，可突顯出即將到來的困難，這樣就能在困難具體成形之前先予以解決。

9.4　瞭解比率分析的限制

你必須瞭解，比率無法實際解決任何問題。比率只能夠突顯趨勢與例外狀況，以便我們根據這些狀況來採取行動。比率的定義往往會因分析師而異，像速動比率和酸性測驗比率就屬於這種例子。有些分析師將速動比率定義為「流動資產減去庫存後再除以流動負債」的比率，而有些則將此定義為酸性測驗比率。

有的學派在 ROA 中使用資產的年末結餘,並在 ROCE 中使用股權與長期負債。有的學派則承認,公司可藉由在年底過帳重大交易但在隔年將其轉回的方式,來操縱此比率。因此,他們使用這些結餘的平均值以便抵銷這類做法的效果。這些手法上的差異可能會導致截然不同的結果。

另外也有人批評比率分析用的是過去的值,並沒有考慮到市場價值的變化。

最後,比率分析的本質就是只看量化的結果、比率對金錢的影響,以及趨勢。但在評估一家公司時,還必須考量社會責任、商業模式、市佔率、管理的品質,以及營運對環境的影響等質化特性,否則評估就不算完整。

9.5 總結

在本章中,我們仔細探討了比率分析,以理解它為何是一種有用的手法、該如何選擇並計算比率、如何解讀比率,以及何時可能需要對某些趨勢採取行動等。在「第 10 章,評價(價值評估)」中,我們將總結 DCF 評價法,並得出企業和每一股普通股的價值。

CHAPTER
10

評價（價值評估）

在「第9章，比率分析」中瞭解了三大報表模型與比率分析後，我們現在可使用絕對的評價法（**現金流量折現（DCF）法**）和相對的評價法（比較公司法）繼續對公司進行價值評估。

不論創立並營運一家公司的理由為何，在某些階段你總是會想要知道該事業的價值。這可能是為了找出弱點、確定事業是在成長、停滯還是惡化、為了申請貸款、吸引投資者、建立一個參考點以做為推動未來成長的平台，又或是為了準備從公司獨立出去等。有幾種評價的方法可用，而本章將討論其中三種較主要的方法。

於本章結束時，你將瞭解兩大評價方式間的差異。你會知道 DCF 評價法是由哪些元素構成，以及這些元素要如何計算。

本章將說明下列這些主題：

- 瞭解絕對評價法
- 瞭解相對評價法
- 解析結果

10.1 瞭解絕對評價法

人們普遍認為，評價企業最準確的方式就是透過使用DCF的絕對評價法。關鍵在於，此方法考慮到了金錢的時間價值。此外它也從整個企業生命週期的角度來考量結果。這最接近「一間企業的價值就是它所能產生的總現金流量」這一定義。

DCF評價法包括技術概念與計算的部分。我們將嘗試簡化這些概念，但你也不必為了推導出評價所需的一些更複雜公式而去重複那些複雜的計算。畢竟這些在教科書和網路上都可輕易找到。

DCF評價法延續自三大報表法的結束之處，從自由現金流的概念開始，其目標是要確定公司所產生的現金流量。不過你必須瞭解，公司所產生的現金有一些是用於滿足債權人與資本支出計畫。因此我們會需要針對這些項目調整所產生的現金，以得出自由現金流。一般來說，我們將計算公司或整個企業的**自由現金流（FCFF，Free Cash Flow to the Firm）**，然後對此進行調整以得出**股權持有者的自由現金流（FCFE，Free Cash Flow to Equity）**。

首先，FCFF將帶領我們找出**企業價值（EV）**，而接著FCFE將讓我們瞭解公司的普通股的股價。和現金流量表類似，我們會從營運利潤，從**息稅前收益（EBIT）**開始。接著針對稅金做調整，再加回如折舊等不涉及資金流動的項目。而營運資本的增加意味著現金的淨流出，應該要扣除；營運資本的減少則意味著現金的淨流入，應該要加進總額。最後，扣除任何計畫中的資本支出與進行中工作的增額以得出FCFF。

當一間公司正在進行固定資產的建構專案時，該專案有可能會延續至超出年底。由於在那個階段該專案尚未完成，所以將目前為止產生的成本都分配至資產帳目是會造成誤導的。一般的做法是建立一個進行中的工作帳目，並將所有未完成專案的開支都記入至此帳目。一旦專案結束，就將該

帳目的結餘轉入對應的不動產、廠房及設備，或固定資產帳目。以下數字便顯示了所預測之 5 年期間的 FCFF 計算：

	A	B	C	J	K	L	M	N
1								
2	(Unless otherwise specified, all financials are in			**Y06F**	**Y07F**	**Y08F**	**Y09F**	**Y10F**
3								
4	**DCF Valuation using FCFF**							
5								
6	EBIT			55,658	66,822	78,542	90,844	103,754
7	Tax Rate (%)							
8	EBIT*(1-t)			38,961	46,776	54,980	63,591	72,628
9	Add: Depreciation			30,000	30,000	30,000	30,000	30,000
10	Less: Increase in Working Capital			(15,107)	12,028	(15,245)	11,883	(15,396)
11	Less: Capex and increase in WIP			-	-	-	-	-
12	**Free Cashflow to the Firm (FCFF)**			**53,854**	**88,803**	**69,734**	**105,474**	**87,232**
13								

圖 10.1 FCFF 的計算

在「第 1 章，財務建模與 Excel 簡介」中，我們已瞭解到今日的資金在一年後的價值可能更高。因為我們可投資這些資金，並於一年後將之連本帶利收回。以 10％的年利率投資的新台幣 1000 元，會在一年後變成 1,100 元回來。

其計算可拆解如下：

```
1,000 + (1,000 x 10%) = 1,100
第 1 年的現金 + 第 1 年現金的 10% = 第 2 年的現金
```

而這可整理為如下的等式：

```
M1 = 第 1 年的現金
r  = 年利率
M2 = 第 2 年的現金

M2 = M1 + (M1 x r)
M2 = M1 (1 + r)
```

反過來將 1,100 元倒算回今天，其價值便會是 1,000 元。亦即重新整理上面的等式，可得到以下等式：

```
M1 = M2 x 1/ (1 + r)
```

換言之，為了得出今日的現金價值，我們必須使用折現因子來將明天的現金價值折現。所以，今日的現金價值等於明日的現金價值乘以折現因子：

- 在我們的例子中，第一年以後的折現因子為「$1/(1+r)$」。

- 第二年以後，折現因子變成「$1/(1+r) \times 1/(1+r) = [1/(1+r)]^2$」。

- 第三年以後，折現因子變成「$1/(1+r) \times 1/(1+r) \times 1/(1+r) = [1/(1+r)]^3$」。

由此可導出 n 年後的折現因子為「$[1/(1+r)]^n$」。

現在，我們已算出未來 5 年的自由現金流量，以及各年份現金流量的貨幣價值。接著需要先將各個現金流量折現為今日的價值，然後才能獲得 DCF 的總和以得出 EV。

DCF 模型的折現因子是**加權平均資本成本（Weighted Average Cost of Capital，WACC）**。一家公司通常擁有不同的資本（資金）來源，包括負債與權益（股權），而每個來源都有自己的成本或是對公司的期望。舉例來說，負債資本的成本就是利息費用。而藉由利息所省下的稅金，是以計算得出的稅後資本成本來認定，如下：

負債成本 x（1 - *稅率*）

WACC 是公司所擁有的不同類型資本的平均成本。各個資本來源對 WACC 的貢獻會以加權方式計算，以反映其所代表的整體資本比例。例如，若負債權益比為 2：1，那麼負債成本（cost of debt）對整體資本的影響，就會是權益成本對整體資本影響的兩倍，而負債成本在 WACC 中的權重會反映出這點。

WACC =（*負債成本* x *負債的權重*）+（*權益成本* x *權益的權重*）

這通常被稱做**資本資產定價模型（Capital Asset Pricing Model，CAPM）**。權益成本的計算更為複雜。權益所承擔的風險高於債務，因為只要該公司仍持續經營，債權人的利益就能得到保證，但股權持有者則必須倚賴不見

得會發放的普通股股息。所以，股權持有者對報酬的期望更高，於是權益
的成本就比較高。

權益成本 = Rf + 溢價

其中的 Rf 是無風險利率（Risk-free rate），而我們通常都會採用政府債券
的利率做為無風險利率。

溢價 = β x（Rm − Rf）

其中的 Rm 是整個股票市場的溢價，β 則是該公司股票相對於市場的波動
或風險。因此，溢價可說是市場溢價與無風險利率間的差距，且已經過調
整以符合該公司股票相對於市場之特定波動性。

1.0 的 β 值代表其股票與市場的波動程度完全相符，亦即市場每變動 1%，
該股票也將變動 1%。更高的 β 值代表其股票的波動程度高於市場的波動
程度，他們所承擔的風險更高，但報酬也比市場更多。較低的 β 值則代表
其股票的波動性低於市場的波動性，而負的 β 值表示與市場呈負相關。所
謂呈負相關，意思就是當市場價格上漲時，其股價將下跌，反之亦然。下
圖顯示了計算權益成本（cost of equity）和 WACC 所需的算式與參數：

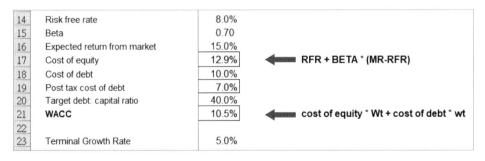

14	Risk free rate	8.0%	
15	Beta	0.70	
16	Expected return from market	15.0%	
17	Cost of equity	12.9%	⬅ RFR + BETA * (MR-RFR)
18	Cost of debt	10.0%	
19	Post tax cost of debt	7.0%	
20	Target debt: capital ratio	40.0%	
21	**WACC**	10.5%	⬅ cost of equity * Wt + cost of debt * wt
22			
23	Terminal Growth Rate	5.0%	

圖 10.2　權益成本與 WACC 的計算

在我們的模型中，我們預測了接下來 5 年的數字。但該公司不會在 5 年
後就消失，它會在可預見的未來持續產生收入。DCF 評價法企圖以終端
價值的概念，來量化超出預測年份之後的所有未來現金流。此評價法假設
在預測的 5 年期間結束時，該公司已達到穩定狀態，且將於其剩下的存續

期間繼續穩定成長。而這樣的穩定成長速度，叫做終端成長率（Terminal Growth Rate，TGR）。有了這樣的假設，我們就能制訂公式來模擬無限延伸的成長，然後以數學的方式重新整理算式，以得出代表所有未來（從所預測的第五年年底至永恆）現金流量之總和的終端價值（Terminal Value）。終端價值的計算公式如下：

終端價值 =（1+TGR）/（WACC-TGR）

終端價值通常是 DCF 評價的最大貢獻因素，往往可確保使用此方法所獲得的值多半都高於其他方法的評價值。下圖便顯示了終端價值的計算：

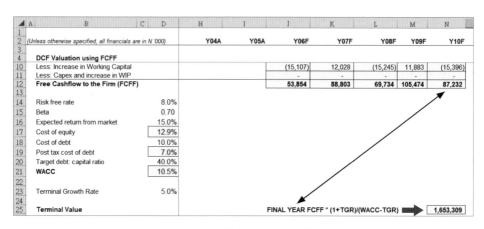

圖 10.3　終端價值的計算

以 WACC 為折現因子（Discount Factor），將所預測之 5 年期間的現金流量和終端價值折現。如此便能得到每個年度的現金流量與終端價值的現值，如下圖所示：

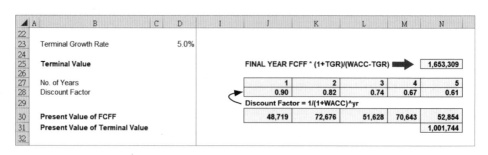

圖 10.4　未來現金流的現值計算

而 EV（Enterprise Value，企業價值）為所有未來現金流現值的總和。

Present Value of FCFF		48,719	72,676	51,628	70,643	52,854
Present Value of Terminal Value						1,001,744
Enterprise Value	1,298,264 ◀					

圖 10.5　EV 的計算

為了算出權益價值（Equity Value），我們必須先清償債務。而其做法就是從 EV 扣除淨負債（負債–現金）與所有應急費用，如下圖所示：

32		
33	**Enterprise Value**	1,298,264
34	Less: Total Debt	(275,000)
35	Add: Total Cash	148,306
36	Less: Any Contingent Liabilities	-
37	**Equity Value**	1,171,570
38	No. of Shares	10,000,000
39	**Share Price**	117.2 ◀ Equity Value/No. of Shares
40		
41		

圖 10.6　權益價值與股價的計算

接著將**權益價值**除以股數（No. of Shares），便可求得**股價**（Share Price）。

10.2　瞭解相對評價法 —— 比較公司分析

相對評價所倚賴的理論基礎為：一般來說，類似的公司會產生類似的結果。這或許有些過份簡化了，但在涉及大量假設和評估的學科中，相對評價相當受到分析師的歡迎，因為它提供了一種似乎很合理的方法來快速、簡單地得出企業的價值。其實際計算很簡單直覺，困難之處在於要找出可比較的公司。而所需考慮的主要條件如下：

- **產業** —— 參考公司的主要收入來源，確定該公司應屬於哪個產業，然後在該產業類別中尋找案例。

- **規模** —— 規模與獲利間的關係並不完全是線性的。一家擁有兩倍資產基礎的公司，不見得能賺到兩倍的利潤。規模經濟以及因規模而能夠獲得的特定利益的確可能存在，因此你應該要尋找規模相似、可能會受到相同經濟影響的公司。

- **資本結構** —— 嚴重倚賴債務的公司，會使其股東置身於極大的風險之中。這是因為，以公司破產時為例，一律必須先清償積欠債權人的部分，然後才輪到股權持有者。故你應該要尋找具有類似的負債權益比的公司。

- **地理位置** —— 此條件非常重要，因為所在位置可能會對公司的營運有重大影響。畢竟各地區的景氣狀況、賦稅、關稅及其他相關法規都有所不同，而這可能會對結算的結果有顯著影響。故你應該要尋找位於同一地理位置的公司。

- **成長率** —— 成長較快速的公司對潛在投資者更具吸引力。因此你應該要尋找成長率相似的公司。

要找到符合上述所有條件的公司是不可能的任務，所以你必須運用自己的判斷力，來選出與你所建模的公司最近似的公司。找出四到五家公司後，接著就需要取得一些將用於比較式評價的價值倍數。而用於此目的最常見的幾個價值倍數如下：

- **EV/ 銷售收入** —— 按銷售額評估企業價值

- **EV/EBITDA** —— 按 EBITDA 評估企業價值

- **本益比** —— 市盈率

相對評價有兩種做法，「**交易比較法**」與「**先例交易比較法**」。接著就讓我們來分別詳細瞭解這兩種做法。

◉ 交易比較法（Trading Comparatives）

下圖顯示了以交易比較法評價時所需的相關參數，以表格形式列出。而交易比較法主要著重於同產業的類似公司：

Trading Comparatives					
Company	EV	Mkt Cap	EV/Sales	EV/EBITDA	P/E (x)
			FY06F	FY06F	FY06F
Company A	2,141.0	2,670.3	2.4x	9.1x	18.2x
Company B	1,321.0	3,385.8	2.3x	10.3x	22.1x
Company C	1,456.0	3,623.4	3.1x	11.3x	23.7x
Company D	1,289.0	3,866.4	1.9x	10.1x	21.4x
Company E	987.0	2,970.0	2.2x	9.3x	15.1x
Mean			2.4x	10.0x	20.1x
Median			2.3x	10.1x	21.4x

圖 **10.7** 針對五家公司使用交易比較法的例子

此例採用了價值倍數的平均值（Mean）和中位數（Median）。通常使用中位數是為了消除離群值的影響。舉例來說，假設你有一組數字：3、5、4、3、22。這組數字的平均值為 7，而中位數為 4。仔細觀察這組數字，22 顯然是個異常的離群值，出於某種原因它遠比同組數字中的其他數字大得多。它顯然影響了平均值，讓平均值成了一個看起來與這組數字中大多數數字都不一致的數字。然而中位數具有抵銷離群值效果的特性，其數字更能夠代表這整組數字。下圖便顯示了以所選價值倍數（Multiple）的中位數來計算公司股價（Share Price）：

Trading Comparatives							
Company	EV	Mkt Cap	EV/Sales	EV/EBITDA	P/E (x)		
			FY06F	FY06F	FY06F		
Company A	2,141.0	2,670.3	2.4x	9.1x	18.2x		
Company B	1,321.0	3,385.8	2.3x	10.3x	22.1x		
Company C	1,456.0	3,623.4	3.1x	11.3x	23.7x		
Company D	1,289.0	3,866.4	1.9x	10.1x	21.4x		
Company E	987.0	2,970.0	2.2x	9.3x	15.1x		
Mean			2.4x	10.0x	20.1x		
Median			2.3x	10.1x	21.4x		
	Multiple (x)	Sales	EV	Net Debt	Mkt Cap	Share Price	
FY06F EV/Sales (x)	2.3x	325,582	748,838	126,694	622,144	**62.2**	
	(Median)						
	Multiple (x)	EBITDA	EV	Net Debt	Mkt Cap	Share Price	
FY06F EV/EBITDA (x)	10.1x	58,908	594,971	126,694	468,277	**46.8**	
	(Median)						
	Multiple (x)	PAT	Mkt Cap	Share Price			
FY06F P/E (x)	21.4x	20,236	433,042	**43.3**			

圖 **10.8** 運用交易比較法來計算 EV 與股價

EV 可如下推導而得：

價值倍數 ＝ EV/ 銷售收入
EV ＝ 銷售收入 x 價值倍數

該價值倍數（EV/ 銷售收入）的中位數為 2.3。

而我們所評估的這家公司的銷售收入（Sales）為 325,582（千元）。

EV ＝ 325,582 x 2.3
EV ＝ 748,838

若要算出權益價值，則需扣除淨負債 126,694：

權益價值 ＝ 748,838 － 126,694 ＝ 622,144（千元）

股數為 1 千萬股。

股價 ＝ 622,144/10,000,000 x 1000

股價 ＝ 62.2 元

若採用 EV/EBITDA，股價為 46.8 元。

若採用本益比，則股價為 43.3 元

◉ 先例交易比較法
（Precedent Transaction Comparatives）

此方法是著眼於最近進行過類似交易的相似規模公司，並以證券易手時的價格為假設。下圖便顯示了類似的交易及其價值倍數的表格：

Transaction Comparatives					
Transaction	**Year**	**EV/Sales (x)**	**EBITDA (x)**	**P/E (x)**	**% stake**
Acquisition	FY03	2.7x	11.7x	23.0x	100.0%
Acquisition	FY03	1.5x	7.2x	13.3x	60.0%
Investment	FY03	3.0x	10.0x	17.5x	22.0%
Investment	FY02	1.8x	5.9x	11.7x	10.0%
Investment	FY01	2.8x	12.2x	19.5x	35.0%
Mean		**2.4x**	**9.4x**	**17.0x**	
Median		**2.7x**	**10.0x**	**17.5x**	

圖 **10.9**　按 EBITDA 評估的價值倍數

而其股價的計算如下圖所示：

Transaction Comparatives						
Transaction	**Year**	**EV/Sales (x)**	**EBITDA (x)**	**P/E (x)**	**% stake**	
Acquisition	FY03	2.7x	11.7x	23.0x	100.0%	
Acquisition	FY03	1.5x	7.2x	13.3x	60.0%	
Investment	FY03	3.0x	10.0x	17.5x	22.0%	
Investment	FY02	1.8x	5.9x	11.7x	10.0%	
Investment	FY01	2.8x	12.2x	19.5x	35.0%	
Mean		**2.4x**	**9.4x**	**17.0x**		
Median		**2.7x**	**10.0x**	**17.5x**		
		(Median)				
		Multiple (x)	**Sales**	**EV**	**Net Debt**	**Mkt Cap** **Share Price**
FY06F EV/Sales (x)		2.7x	325,582	879,071	126,694	752,377　**75.2**
		(Median)				
		Multiple (x)	**EBITDA**	**EV**	**Net Debt**	**Mkt Cap** **Share Price**
FY06F EV/EBITDA (x)		10.0x	58,908	589,080	126,694	462,386　**46.2**
		(Median)				
		Multiple (x)	**PAT**	**Mkt Cap**	**Share Price**	
FY06F P/E (x)		17.5x	20,236	354,123	**35.4**	

圖 **10.10**　運用先例交易比較法來計算 EV 與股價

以下為 EV 和股價的值：

- 若採用 EV/ 銷售收入，股價為 75.2 元。

- 若採用 EV/EBITDA，股價為 46.2 元。

- 若採用本益比，股價為 35.4 元。

這形成了從 35.4 到 75.2 元的股價範圍。

10.3 解析結果

下圖顯示了前面示範的評價結果的匯總：

Summary of Results		
Method	Lowest	Highest
DCF	117.2	117.2
Trading Comparatives	43.3	62.2
Precedent Transaction Comparatives	35.4	75.2

圖 **10.11** 評價結果的匯總

這些結果可用圖形形式呈現在所謂的「球場評價圖（Football Field Chart）」中。此名稱源自於不同的評價值分散在圖表上的方式，就像美式足球球員散佈在球場上一樣。為此，我們要先將上面的表格擴展為如下：

Summary of Results			
Method	Lowest	Highest	Difference
DCF	117.2	117.2	0.0
Trading Comparatives	43.3	62.2	18.9
Precedent Transaction Comparatives	35.4	75.2	39.8

圖 **10.12** 圖表資料

反白選取表格，然後點選「插入 > 插入直條圖或橫條圖 > 堆疊橫條圖」。下圖顯示了如何從「插入」功能區選取該圖表：

圖 10.13　點選「平面橫條圖」中的「堆疊橫條圖」

Excel 會依據所選表格中的資訊建立出平面的堆疊橫條圖，如下圖所示：

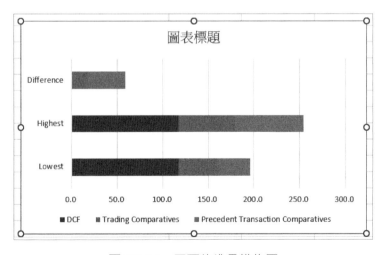

圖 10.14　平面的堆疊橫條圖

我們需要對圖表做一些格式上的更改：

1. 首先在圖表上按滑鼠右鍵選擇「選取資料」，以便開啟「選取資料來源」對話方塊來調整圖表的資料配置。

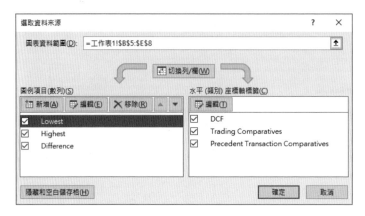

圖 10.15　切換座標軸並調整資料項目

你可點按「切換列 / 欄」鈕來交換垂直軸與水平軸的項目，我們要讓類別顯示在垂直軸，而數量顯示於水平軸。

2. 我們還要讓 DCF 的評價值顯示在最上端，因為 DCF 的評價值只有一個。為此，請在垂直軸的文字標籤上按滑鼠右鍵，點選「座標軸格式」。在「座標軸格式」側邊欄中，往下捲動並勾選「類別次序反轉」項目。這樣就能產生出如圖 10.16 的圖表：

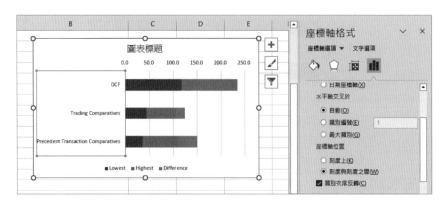

圖 10.16　類別次序反轉

3. 接著要移除所有的最高值（Highest）。點選任一橫條中的最高值部分後，按 Delete 鍵刪除。

4. 接下來點選任一格線後，也按 Delete 鍵予以刪除，好讓圖表看起來不那麼雜亂。

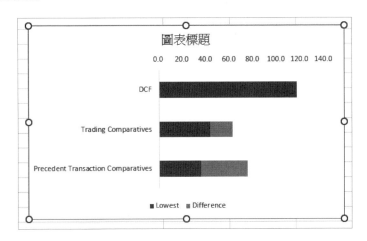

圖 10.17 移除格線與所有的最高值

5. 在橫條中的最低值（Lowest）部分按滑鼠右鍵，點選「資料數列格式」。在「填滿與線條」的「填滿」下，點選「無填滿」，並於「框線」下，點選「無線條」。

6. 再次按滑鼠右鍵，點選「新增資料標籤」。然後也為差距（Difference）部分設定填滿與線條以及新增資料標籤。

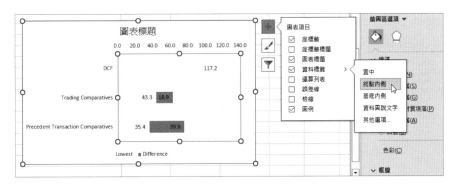

圖 10.18 設定填滿與線條並新增資料標籤

7. 如圖 10.18，將「資料標籤」的位置選為「終點內側」。

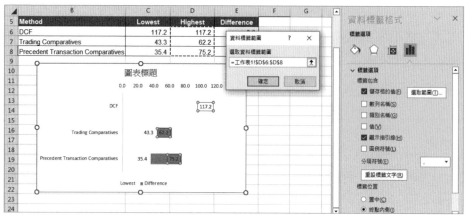

圖 10.19 不同範圍的標籤值

8. 點選差距（Difference）部分，按滑鼠右鍵，選擇「資料標籤格式」。在側邊欄中，於「標籤選項」下，為「標籤包含」勾選「儲存格的值」項目，並取消「值」項目，然後回到資料表格去選取最高值（Highest）欄下的值。如此一來，我們就能強迫 Excel 顯示各類別的最低值與最高值標籤。

現在圖表已顯示出如美式足球球員散佈於球場般的數值分佈，「球場評價圖（Football Field Chart）」正是因此得名。而由此圖也可清楚看出，最低值為 35.4，最高值為 117.2。依據這些結果，我們可做出以下推論：

- 若該公司的股票報價低於 35.4，便是被低估了，建議可**買進**。
- 若該公司的股票報價高於 117.2，便是被高估了，建議應**賣出**。

最後讓我們來總結一下本章的學習內容。

10.4 總結

本章介紹了許多新的不同概念，建議你可以多閱讀幾次。這是非常重要的一章，因為它代表了在我們向決策者提出建議之前的最後一步。

於本章中，我們已探討了評價公司時用的絕對方法和相對方法。我們已瞭解金錢的時間價值，以及用於計算公司的 EV（企業價值）及股價的不同公式。我們已學到自由現金流、WACC，還有終端價值的概念。我們還看到了如何在圖表中呈現評價結果，而這可做為決策時的簡單視覺輔助。

在下一章中，我們將探討檢測模型的必要性，以及如何應用多種工具來檢測模型。

模型的合理性與準確性檢測

CHAPTER 11

在「第 10 章，評價（價值評估）」中，我們建立了完整的**現金流量折現（DCF）評價模型**，並以「交易比較法」與「先例交易比較法」得出了不同的評價值。我們還編製了球場評價圖來解析評價結果。

在建立模型的過程中，我們依據經驗、歷史財務資料，以及與管理階層的討論而做出了一些假設。我們知道我們本可從同樣的資訊中選擇一組不同的假設，因此只有針對模型的合理性與準確性進行檢測才是對的。

為了降低模型中固有主觀性的影響，我們需要採用某些基本常規（有些基本常規我們先前已提過），並進行某些檢測以找出最不穩定的假設，同時聚焦於對模型最具影響力的因素。

於本章結束時，你將瞭解為何必須要檢測模型，以及如何應用多種工具來檢測模型。

在本章中，我們將說明下列這些主題：

- 整合內建檢測與基本常規
- 除錯

- 瞭解敏感度分析

- 使用直接法與間接法

- 瞭解情境分析

- 建立蒙地卡羅模擬模型

11.1 整合內建檢測與基本常規

財務模型的本質就是充滿了公式與計算。雖然它們大多都很簡單,但其數量與重複性使之容易出錯,而那些錯誤可能會成為試圖追蹤並除錯的建模者的夢魘,不論他們的技藝有多麼高超。

以下便列出一些基本常規,而這些規範可供你採用於模型中以減少錯誤的發生:

- 寫死的儲存格

- 結餘檢查

- 現金與約當現金

- 各個值都只輸入一次

- 每列只使用一個公式

接著就讓我們來進一步瞭解各個基本常規的細節:

- **寫死的儲存格**:寫死的儲存格應使用藍色字體,以便明確區隔。寫死的儲存格的意義在於,這些是主要的輸入數字儲存格,其中包含的是固定不變的資料(除非是要更正錯誤或改變假設),故應將這種儲存格設定為此格式以方便識別。過去的歷史資訊便屬於這種例子。所有其他的數字儲存格都會包含公式,故應設定為黑色字體。

如下圖，寫死的儲存格就是以藍色字體呈現，藉此與計算而成的儲存格（使用一般的黑色字體）有所區隔。

57							
58	**BALANCE SHEET**						
59			寫死的儲存格用藍色字體				
60	ASSETS						
61	**Non current assets**						
62	Property, plant and equipment	90,000	80,000	70,000	240,000	210,000	180,000
63	Investments	12,197	11,549	18,106	58,106	58,106	58,106
64	**Total non current assets**	102,197	91,549	88,106	298,106	268,106	238,106
65	**Current assets**						
66	Inventories	15,545	18,007	21,731	14,530	21,860	14,659
67	Trade and other receivables	20,864	31,568	35,901	33,812	39,063	37,117
68	Cash and cash equivalents	7,459	17,252	9,265	65,106	67,707	98,408
69	**Total current assets**	43,868	66,827	66,897	113,447	128,630	150,184

計算而成的儲存格用一般黑色字體

圖 11.1　採用藍色字體的寫死的儲存格

若模型必須修改，那就是這些寫死的儲存格需要被調整，才能讓所需的更動產生效果。而使用藍色字體便能讓人快速找出需要修改的儲存格，省時又省力。

* **結餘檢查**：為資產負債表建立結餘檢查，可確保你能夠確認該表處於平衡狀態，且可迅速識別導致其失去平衡的任何動作。結餘檢查應該要很顯眼，且能清楚區分平衡與失衡的狀態。而資產負債表要平衡，總資產減去流動負債就必須等於權益總額加上非流動負債。

由於我們的模型是全面整合的，模型中任一處的任何調整都將滲透至資產負債表，以致於該表要不繼續維持平衡，要不就是失去平衡。若其中存在有沒顯示出來的捨入差異，仍會引發失衡警報。當某些儲存格的數字帶有小數，但卻因為格式的關係而沒有顯示出來時，便會造成捨入差異。

這正是為何我們應該要使用 Round 函數，來確保 Excel 會在比較兩個總計時忽略小數的原因。

下圖便是一個結餘檢查的例子：

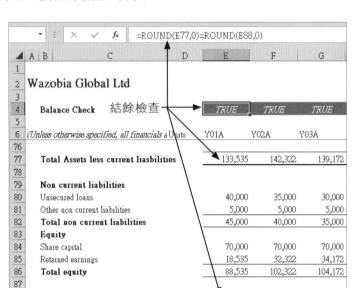

圖 11.2 結餘檢查與 Round 函數的使用

- **現金與約當現金**：資產負債表上的現金與約當現金，應該要和現金流量表中對應年份的期末現金結餘一樣。這可在一定程度上保證至該階段為止，模型在數學計算上是正確的。

- **各個值都只輸入一次**：若有需要再次輸入某個值，就直接參照含有該原始輸入值的儲存格就好。這能減少錯誤發生的機率，並確保當該值必須修改時，我們只需要調整原始的輸入值，然後所有其他用到這個值的部分都會自動隨之更新。

- **每列只使用一個公式**：請按照「第 4 章，Excel 中的參照架構」的說明來運用 Excel 的參照架構，亦即只輸入公式一次，然後往右沿著該列在其他年份填入同樣的公式。

只要做得正確，這些都將大幅縮減建模時間，同時降低錯誤發生率。

我們已看過各種有助於減少出錯可能性的做法與基本常規，然而我們知道錯誤還是會發生，因此接著就要來看看如何解決無可避免的錯誤。

11.2 除錯

提供他人錯誤百出的模型可說是非常地不專業。你一定要檢查自己的模型是否有錯，並採取措施以修正錯誤才行。

以下是於模型中檢測錯誤時所應遵循的一些準則：

- 「**前導儲存格**」是指那些在求出特定儲存格之值時被參照到的儲存格。
- 「**從屬儲存格**」是指那些已在其公式中納入重點儲存格的儲存格。

繼續要以下圖來進一步說明這部分：

	A	B	C	D	J	K	L
1							
2	*(Unless otherwise specified, all financials are in N '000)*				**Y06F**	**Y07F**	**Y08F**
3							
4		**DCF Valuation using FCFF**					
5							
6		EBIT			55,658	66,822	78,542
7		Tax Rate (%)		30.0%			
8		EBIT*(1-t)			38,961	=K6*(1-$D$7)	54,980
9		Add: Depreciation			30,000	30,000	30,000
10		Less: Increase in Working Capital			(15,107)	12,028	(15,245)
11		Less: Capex and increase in WIP			-	-	-
12		**Free Cashflow to the Firm (FCFF)**			**53,854**	**88,803**	**69,734**
13							

圖 11.3 做為前導或從屬儲存格而連接在一起的儲存格

請看儲存格 K8，其中的公式為「=K6*(1-$D$7)」。該公式倚賴儲存格 K6 與 D7 的內容，因此 K6 和 D7 就是 K8 的前導儲存格，而 K8 同時為 K6 和 D7 的從屬儲存格。

在「公式」功能區的「公式稽核」群組中點選「追蹤前導參照」或「追蹤從屬參照」，Excel 便會顯示出細細的藍色箭頭線分別指向其前導儲存格或從屬儲存格。

下圖便顯示了我們可以如何利用 Excel，以視覺化的方式呈現前導儲存格與從屬儲存格。圖中的線條是從儲存格 D7 連至其從屬儲存格。

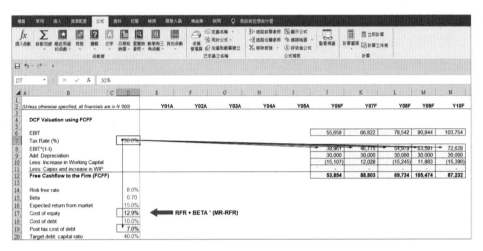

圖 11.4 藍色箭頭線連往從屬儲存格

我們可以看到儲存格 D7 有好幾個從屬儲存格。但由於它本身是寫死的儲存格，所以沒有前導儲存格。若你對某個儲存格有疑問，便可利用「追蹤前導參照」和 / 或「追蹤從屬參照」功能來找出可能導致異常的錯誤參照。

而若真的有錯誤，那麼你可運用某些技巧來快速排除多種可能性。接著就讓我們來學習這些技巧。

◉ 顯示公式

Excel 有個實用的鍵盤快速鍵「Ctrl + `」（相當於「公式」功能區「公式稽核」群組中的「顯示公式」），這個快速鍵能讓你切換兩種顯示方式，一種是在工作表的所有相關儲存格中顯示公式，另一種是只顯示結果值。按「Ctrl + `」一次，就能顯示出目前工作表上的所有公式：

▲	A	B	C	D		J	K	L
1								
2	(Unless					Y06F	Y07F	Y08F
3								
4	**DCF Valuation using FCFF**							
8	EBIT*(1-t)					=J6*(1-$D$7)	=K6*(1-$D$7)	=L6*(1-$D$7)
9	Add: Depreciation					='Financial Model'!J169	='Financial Model'!K169	='Financial Model'!L169
10	Less: Increase in Working Capital					='Financial Model'!J124	='Financial Model'!K124	='Financial Model'!L124
11	Less: Capex and increase in WIP					='Financial Model'!J39	='Financial Model'!K39	='Financial Model'!L39
12	**Free Cashflow to the Firm (FCFF)**					=SUM(J8:J11)	=SUM(K8:K11)	=SUM(L8:L11)
13								
14	Risk free rate			0.08				
15	Beta			0.7				
16	Expected return from market			0.15				
17	Cost of equity			=D14+D15*(D16-D14)				
18	Cost of debt			0.1				
19	Post tax cost of debt			=D18*(1-D7)				
20	Target debt: capital ratio			0.4				
21	**WACC**			=D17*(1-D20)+D19*D20				
22								
23	Terminal Growth Rate			0.05				

圖 11.5 使用「顯示公式」指令後的結果

再次按下「Ctrl + `」則會回到顯示結果值的狀態,如下圖所示:

▲	A	B	C	D		J	K	L
1								
2	(Unless otherwise specified, all financials are in N '000)					**Y06F**	**Y07F**	**Y08F**
3								
4	**DCF Valuation using FCFF**							
8	EBIT*(1-t)					38,961	46,775	54,979
9	Add: Depreciation					30,000	30,000	30,000
10	Less: Increase in Working Capital					(15,107)	12,028	(15,245)
11	Less: Capex and increase in WIP					-	-	-
12	**Free Cashflow to the Firm (FCFF)**					**53,854**	**88,803**	**69,734**
13								
14	Risk free rate			8.0%				
15	Beta			0.70				
16	Expected return from market			15.0%				
17	Cost of equity			12.9%				
18	Cost of debt			10.0%				
19	Post tax cost of debt			7.0%				
20	Target debt: capital ratio			40.0%				
21	**WACC**			10.5%				
22								
23	Terminal Growth Rate			5.0%				

圖 11.6 同一工作表恢復為儲存格只顯示結果值的狀態

這個功能的實用之處在於,它能讓你快速瀏覽工作表中的各個公式以找出明顯的錯誤。

◉ 評估值公式

Excel 以運算子（+、-、*、/ 和 ^）執行數學運算時有規定的順序，括弧內的最優先，然後是次方（指數），接著依序為乘法與除法（由左而右）、加法與減法（由左而右）。

當你必須用數個運算子編寫複雜的公式時，遵循這樣的運算順序有助於確保該公式能夠正確執行。然而無可避免地，有時在編寫公式時你可能會弄錯順序，於是導致計算結果有誤。「評估值公式」會逐步引導你檢視 Excel 執行公式並得出所顯示之結果的每個階段。

例如，計算終端價值的公式為：

$$最後一年的\ FCFF * (1+TGR) / (WACC - TGR)$$

假設依此輸入至 Excel 儲存格中的公式為「=N12*(1+D23)/(D21-D23)」。在選取終端價值儲存格的狀態下，點按「公式」功能區之「公式稽核」群組中的「評估值公式」。「評估值公式」對話方塊便會彈出，如下圖：

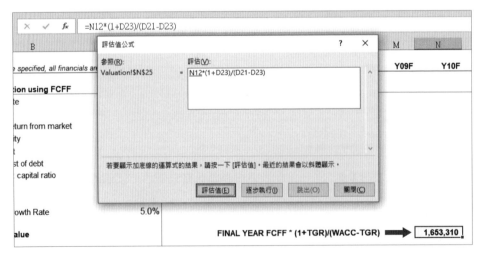

圖 11.7 「評估值公式」對話方塊

「評估值公式」對話方塊會顯示出以下內容：

- 目前所評估之公式位在哪個儲存格（以本例來說是 N25）

- 公式本身，顯示於「評估」方塊中。

- 在對話方塊底端有四個按鈕：評估值、逐步執行、跳出、關閉

當「評估值公式」對話方塊彈出時，公式便會如圖 11-7 顯示在「評估」方塊中，而第一個被評估的項目會帶有底線。這可能是一項計算（+、-、*、/ 和 ^）或將儲存格參照轉換為該儲存格中的值，又或是移除該算式中的括弧等。依預設，Excel 會由左而右執行公式，直到遇上會導致不同結果的決策點，亦即可選擇執行運算順序更優先的運算子之處。Excel 會跳至運算順序更優先的運算子，並且先執行其運算，然後再回到運算順序較後面的運算子，繼續從左而右執行。

在儲存格 N25 的公式中，第一步是由 Excel 將第一個參照，N12 的該公司自由現金流（FCFF），轉換為該儲存格中的值。所以在前一張截圖中，N12 的參照帶有底線。從下圖開始，繼續逐步檢視該公式的執行狀況。

圖 11.8　公式顯示在「評估」方塊中

按下「評估值」按鈕，N12 的參照便被取代為其值。

請注意看，在此 Excel 將這個值顯示為「87231.8」，而非經格式化（四捨五入）後的金額「87,232」。這告訴了我們，Excel 會忽略格式並保留數字的完整值（至多達小數點後 10 位數）。格式只是用於顯示而已。

由左而右的下一個運算子應為乘法計算，但因為括弧的運算順序優先於乘算，故會先執行。亦即 Excel 會先完整執行括弧裡的內容後，再回到預設的由左而右的處理順序。

如前一張截圖所示，這時第一組括弧裡的 D23 參照帶有底線，代表它就是接下來要執行的項目。

圖 11.9　D23 的參照被取代為該儲存格中的值

按下「評估值」按鈕，D23 的參照便被取代為其值 0.05（5%），而底線則移到第一組括弧的內容下，代表接著便會執行這項加法運算（雖然加法的運算順序較後面）於是得出 1.05。

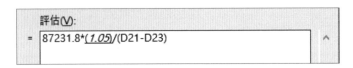

圖 11.10　顯示在「評估」方塊中的公式

第一組括弧繼續享有優先權，按下「評估值」按鈕後，括弧便會強制 Excel 將該加法運算提升至最優先順位，在進行乘算前先完成該加法運算。

繼續按「評估值」鈕，在下一張截圖中，包在 1.05 外的括弧已移除，底線回歸至一般的順序，顯示在乘法運算之下：

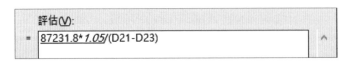

圖 11.11　括弧被移除，下一個要處理的運算顯示出底線

在下一張截圖中，顯示出未經格式化的乘法運算結果。

圖 11.12　乘法運算的結果與下一個要處理的顯示底線部分

而最後兩個參照，D21 和 D23，會被陸續轉換成對應儲存格中的值。

評估(<u>V</u>):

= 91593.39/(0.1054-*0.05*)

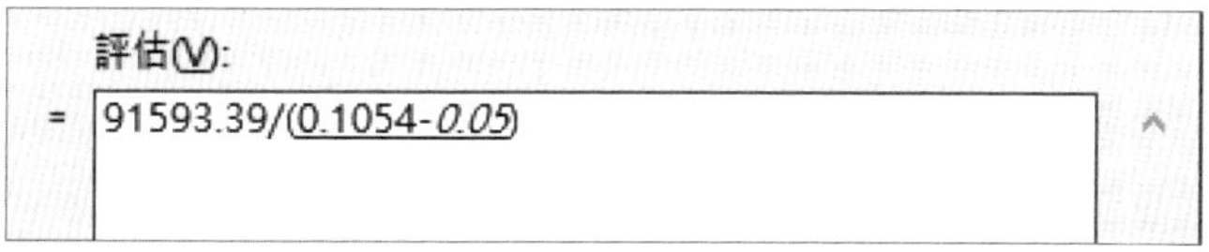

圖 11.13　D21 和 D23 被陸續轉換成對應儲存格中的值

再按兩下「評估值」鈕，就會顯示出減法運算的結果並移除括弧。

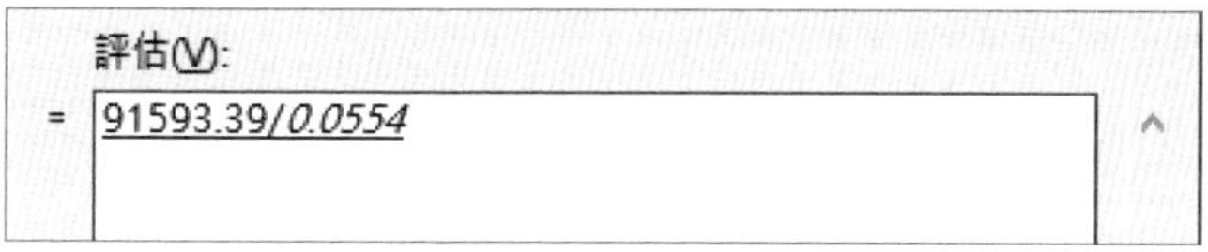

評估(<u>V</u>):

= 91593.39/*0.0554*

圖 11.14　評估完最後的括弧後的結果

最後執行除法運算，於是得出如下圖所示的公式計算結果。

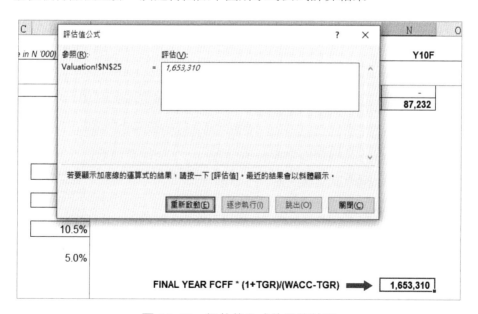

圖 11.15　評估值公式的最終結果

請注意，最終結果會以格式化後的數值形式顯示。

注意事項

若在任一階段檢測出公式裡的錯誤，你可點按「逐步執行」鈕以暫停評估，進入公式，進行修正，然後再按「跳出」繼續評估。

11.3　瞭解敏感度分析

在「第 10 章，評價（價值評估）」中，我們計算了權益價值與股價。有鑑於模型中固有的不確定性，你應該要採取一些措施來降低這部分。其中一種做法是執行一些檢測，來看看當你改變某些為求出該值所使用的輸入變數與驅動因素時，股價會如何表現。這種程序叫做「**敏感度分析**」。除了目標值的波動外，此分析也能說明哪些輸入變數或驅動因素對目標值的影響最大。

你會需要找出模型中似乎最突出的兩個輸入變數或驅動因素：

- **營業額**：先前我們已提過，營業額是損益表中最突出的數字。故我們可用收益成長驅動因素做為項目之一，來使模型能夠因應其變化而產生對應的結果。

- **終端價值**：另一個突出項目為終端價值。

我們已在「第 10 章，評價（價值評估）」中見過這對股價的價值評估有多大影響。你可用終端成長率做為第二個項目，以使模型因應其變化而產生對應的結果。基本上就是要改變這些輸入變數，好觀察它們對股價有何影響，並將結果繪製成圖表。

11.4　使用直接法與間接法

敏感度分析有兩種做法，直接法與間接法。這兩種方法都使用 Excel「資料」功能區中「預測」群組裡「模擬分析」下的「運算列表」。

為了使用「運算列表」功能，你必須以特定方式結構資料。位於該表格左上角的儲存格，必須與目標值（亦即我們想觀察的「股價」）相關聯。

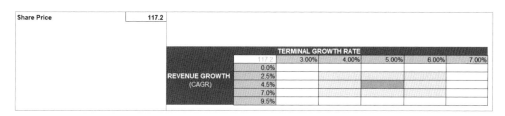

圖 11.16　資料表格的配置

對「運算列表」功能的運作來說，該特定位置必不可少。但由於它沒有任何其他用途，故在此以淺灰色字體呈現，使其幾乎隱藏，以免造成干擾。列的輸入變數值輸入於表格的頂端列。我們選擇以終端成長率做為列的輸入變數，值從 3% 起以 1% 為間隔遞增至 7%。

欄的輸入變數則為收益成長（複合年均成長率，CAGR），從表格的最左欄由上而下輸入，值從 0% 起以 2.5% 為間隔遞增至 9.5%。不過其中的 5% 我們改成了 4.5%，以吻合用做營業額成長驅動因素的 CAGR 實際歷史資料。

在執行「運算列表」功能前，請先選取從其左上角含有目標值之儲存格起的整個表格，表格中不包含任何輸入變數 / 驅動因素造成的結果值。接著點選「資料」功能區中「預測」群組裡「模擬分析」下的「運算列表」。這時會開啟如下圖所示的「運算列表」對話方塊。

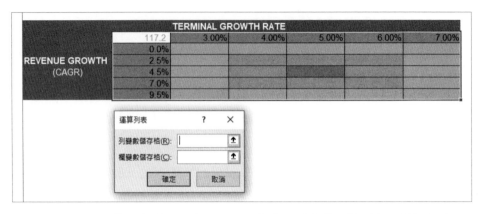

圖 11.17　為「運算列表」功能選取資料後，叫出「運算列表」對話方塊

「運算列表」對話方塊中有兩個輸入方塊，「列變數儲存格」與「欄變數儲存格」。我們稍後就會回頭說明這兩個方塊。

◉ 直接法

在此做法中，列與欄的變數儲存格是透過其出現在模型中的儲存格直接連結至模型。以本例來說，列變數儲存格就是連結至模型位於評價部分的終端成長率儲存格，亦即儲存格 D23。

而欄變數儲存格則是 Y06F 年度的營業額成長驅動因素，位於連結至模型的假設部分，亦即儲存格 J12。

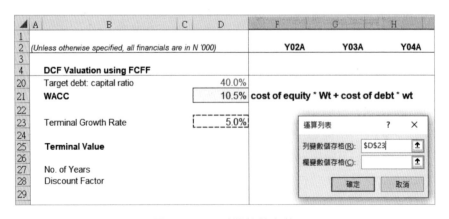

圖 11.18　列變數儲存格

列與欄變數儲存格必須連結至股價（我們想要觀察的值）。這裡所選取的
儲存格 D23 和 J12，都透過了一系列公式連結至股價。

6	(Unless otherwise specified, all financials are Units	Y01A	Y02A	Y03A	Y04F	Y05F	Y06F
10	Revenue Assumptions						
11	Revenue	260,810	272,241	285,009	297,938	311,453	325,582
12	Growth %		4%				4.5%
13	Cost of sales	177,782	184,703				180,974
14	Growth %		4%				0.4%
15							
16	Sales and marketing expenses	9,204	10,521				12,250
17	Sales and mktng exps as a % of Revenue	4%	4%				3.8%
18	General and administration expenses	25,145	26,402				29,271
19	Gen & admin exps as a % of Revenue	10%	10%	8%	9.0%	9.0%	9.0%
20	Other expenses	5,675	13,342	4,394	8,559	8,948	9,353

運算列表　　？　✕
列變數儲存格(R): $D$23
欄變數儲存格(C): del'!$J$12
確定　　取消

圖 11.19　欄變數儲存格

現在按「確定」鈕。當你按下「確定」鈕後，資料表格上端和左端的各個
終端成長率和營業額成長驅動因素的值便會被代入至模型，並將所產生的
結果填入至表格中。

TERMINAL GROWTH RATE					
117.2	3.00%	4.00%	5.00%	6.00%	7.00%
0.0%	80.2	91.1	105.9	127.3	160.7
2.5%	85.2	96.6	112.1	134.5	169.5
4.5%	89.1	101.0	117.1	140.3	176.6
7.0%	94.1	106.4	123.3	147.5	185.4
9.5%	99.0	111.9	129.4	154.7	194.3

REVENUE GROWTH (CAGR)

圖 11.20　運算完成的資料表格

若要檢測此資料表格的正確性，你可查看終端成長率 5% 且營業額成長驅
動因素為 4.5% 處的股價值。

本例的表格已經過整理，故該值就位於表格正中央以較深綠色為底色的儲
存格中。相對於先前的評價結果 117.2，這裡顯示的是 117.1。

這讓你可確信你的資料表設定正確，且計算也正確。

由此表格可看出，最低股價為 80.2，位於終端成長率 3% 且收益成長 0%
處，而最高股價為 194.3，來自 7% 的終端成長率與 9.5% 的收益成長。

◉ 間接法

這種做法，是將表格連結至包含有我們所選取之變數 / 驅動因素的公式。

1. 因此我們首先要像下圖這樣設定資料表格。

Turnover Growth +/-2.5%		Cost of Sales +/-2.5%		Terminal Growth Rate +/-1%	
Change	**Share Price**	**Change**	**Share Price**	**Change**	**Share Price**
0.0%	117.2	0.0%	117.2	0.0%	117.2
-2.5%		-2.5%		-1.0%	
2.5%		2.5%		1.0%	

圖 11.21 供間接法使用的資料表格

三個輸入變數的變化基礎值都為 0.0%，這將加入至包含有我們所選取之輸入變數的公式。

然後營業額成長（Turnover Growth）與銷售成本（Cost of Sales）有兩個額外值 -2.5% 與 2.5%，終端成長率（Terminal Growth Rate）則有 -1.0% 與 1.0%。

變化值表示我們將以間接法的資料表格檢測之模型敏感度範圍。

2. 接著編輯相關公式，藉由加入 0.0% 儲存格來將資料表格連結至模型。

例如，Y06F 年度的營業額，亦即所預測的第一年，是藉由將營業額成長驅動因素套用至前一年度（Y05A）的營業額來求得：

去年的營業額 *（1+ 營業額成長驅動因素）

所以我們要編輯公式（＝I10 * (1 + J11)），以加入資料表格中的營業額成長驅動因素基礎值 0.0%，假設該基礎值位於 Valuation 工作表的儲存格 E54，公式便要改為「＝I10 * (1 + J11 + Valuation!E54)」。

3. 然後把此公式複製到其他預測年份。這樣就能在不改變其結果的狀態下，將資料表格連結至模型。

| | fx | =I10*(1+J11+Valuation!$E$54) |

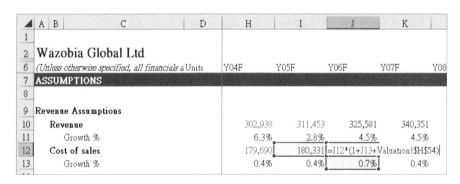

圖 11.22 將營業額成長的資料表格連結至模型

4. 以同樣方式，將銷售成本的資料表格連結至儲存格 J12 的公式：

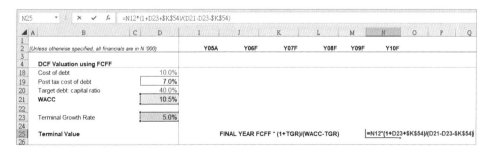

圖 11.23 將銷售成本的資料表格連結至模型

5. 接下來要將終端成長率的資料表格連結至儲存格 N25（終端價值）。

   請注意，終端成長率在此公式中出現兩次，所以兩處都要修改到才行。

6. 在 Valuation 工作表中，移至計算終端價值（Terminal Value）處。

| N25 | fx | =N12*(1+D23+$K$54)/(D21-D23-$K$54) |

圖 11.24 將終端成長率的資料表格連結至模型

我們現在可以回頭用「模擬分析」下的「運算列表」功能,來將運算結果填入至資料表格了:

1. 首先,選取整個營業額成長的資料表格。

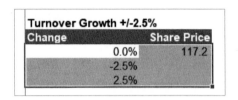

圖 **11.25** 選取營業額成長的資料表格

2. 點選「資料」功能區中「預測」群組裡「模擬分析」下的「運算列表」,或按鍵盤快速鍵「Alt + A + W + T」。

   這時便會開啟「運算列表」對話方塊。

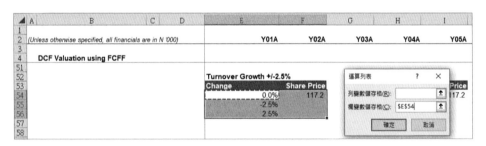

圖 **11.26** 針對營業額成長的資料表格叫出「運算列表」對話方塊

3. 讓「列變數儲存格」方塊留白,並替「欄變數儲存格」選擇值為 0.0% 的儲存格。

   按下「確定」鈕後,營業額成長率比原本低 2.5%,以及比原本高 2.5% 時的股價計算值,便會填入至該資料表格。

Turnover Growth +/-2.5%	
Change	Share Price
0.0%	117.2
-2.5%	84.4
2.5%	153.0

圖 **11.27** 完成的營業額成長資料表格

依循同樣步驟，將銷售成本與終端成長率的資料表格都填入完成。

Turnover Growth +/-2.5%		Cost of Sales +/-2.5%		Terminal Growth Rate +/-1%	
Change	Share Price	Change	Share Price	Change	Share Price
0.0%	117.2	0.0%	117.2	0.0%	117.2
-2.5%	84.4	-2.5%	138.3	-1.0%	101.0
2.5%	153.0	2.5%	93.9	1.0%	140.4

圖 11.28　使用間接法完成資料表格

現在可檢查看看資料表格。比營業額成長基礎值的 4.5% 多 2.5%，就是 7.0%。

在營業額成長為 7% 且終端成長率為 5% 時，使用直接法獲得的股價為 123.3，這與我們的營業額成長間接法資料庫中的值一致。

在終端成長率為 4% 且營業額成長率為 4.5% 時，使用直接法獲得的股價為 101.0，這與我們的終端成長率間接法資料庫中的值一致。

實際上，間接法的資料表格很難理解，故我們會需要進一步編製「龍捲風圖」來呈現。

龍捲風圖可有效在單一位置，顯示出多個輸入變數 / 驅動因素之變化所帶來的影響。

首先要從間接法的資料表格，整理出含有建立圖表所需之資訊的表格：

1. 第一步是計算股價從基礎值到負值的百分比變化。

   我們對變化是正的還是負的沒有興趣，我們只需要變化的絕對值，故使用如下的公式：

   =ABS((新股價 － 基礎股價)/ 基礎股價) %

   如此便能算出股價隨著輸入變數 / 驅動因素的改變所產生的百分比變化。

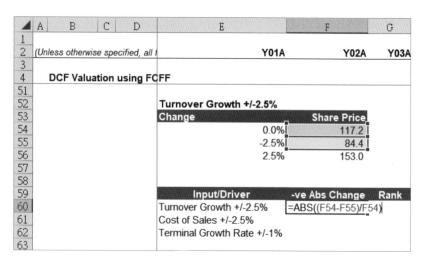

圖 **11.29**　計算股價的百分比變化

2. 以同樣方式處理銷售成本（Cost of Sales）和終端成長率（Terminal Growth Rate）。

3. 接著用以下公式替百分比變化排名，以最小的為第一：

=SMALL(百分比變化，排名號碼)

4. 將此公式往下複製兩列，排名號碼便會由上而下從 1、2 到 3。

這樣就能夠依據百分比變化從最小排至最大，讓匯總表格更新為顯示驅動因素的排名。

H60	▼	:	×	✓	fx	=SMALL($F$60:$F$62,G60)

▲	A	B	C	D	E	F	G	H
1								
2	(Unless otherwise specified, all t				Y01A	Y02A	Y03A	Y04A
3								
4	**DCF Valuation using FCFF**							
57								
58								
59					**Input/Driver**	**-ve Abs Change**	**Rank**	**Output**
60					Turnover Growth +/-2.5%	28%	1	14%
61					Cost of Sales +/-2.5%	18%	2	18%
62					Terminal Growth Rate +/-1%	14%	3	28%

圖 **11.30**　在匯總表格中依據變化的絕對值從小至大排序

5. 使用「第 3 章，公式與函數 —— 用單一公式完成建模工作」中介紹過的 INDEX 與 MATCH 函數，在排名輸出（變化的絕對值）旁輸入對應的輸入變數 / 驅動因素名稱。這些將做為水平軸的標籤。

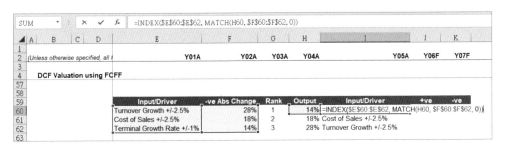

圖 11.31　依據輸出值（Output）找出相符項目的輸入變數名稱

若是使用 XLOOKUP 函數來替代 INDEX 和 MATCH，其語法會是如下：

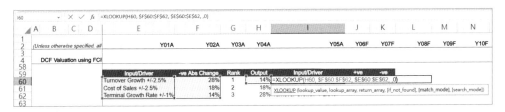

圖 11.32　使用 XLOOKUP 函數依據輸出值（Output）找出相符項目的輸入變數名稱

新的 XLOOKUP 函數可有效取代 INDEX 與 MATCH 的組合。

6. 將輸出值帶到這些標籤的右側，形成相同數字的兩個數列，一個數列為正值，一個為負值。

所完成的結果表格已可用於建立龍捲風圖。

Input/Driver	-ve Abs Change	Rank	Output	Input/Driver	+ve	-ve
Turnover Growth +/-2.5%	28%	1	14%	Terminal Growth Rate +/-1%	14%	-14%
Cost of Sales +/-2.5%	18%	2	18%	Cost of Sales +/-2.5%	18%	-18%
Terminal Growth Rate +/-1%	14%	3	28%	Turnover Growth +/-2.5%	28%	-28%

圖 11.33　用於龍捲風圖的資料

7. 現在，點選「插入 > 插入直條圖或橫條圖 > 堆疊橫條圖」來建立圖表，一個空白的圖表就會配置在目前的工作表上。

8. 從「圖表設計」功能區中點選「資料」群組裡的「選取資料」，即可開啟「選取資料來源」對話方塊。

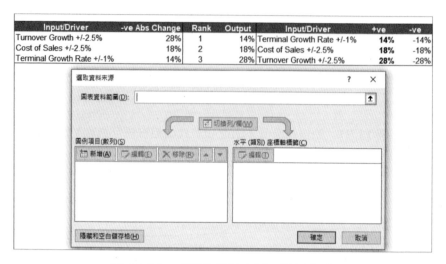

圖 11.34 「選取資料來源」對話方塊

9. 點選「圖例項目（數列）」下的「新增」鈕，以逐一加入正、負兩個數列。按下「新增」鈕後會彈出「編輯數列」對話方塊。

10. 選取輸出值的正值欄做為第一個數列。

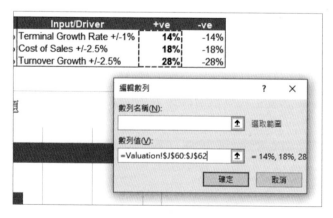

圖 11.35 選取第一個資料數列

11. 重複同樣的操作程序以加入第二個數列：

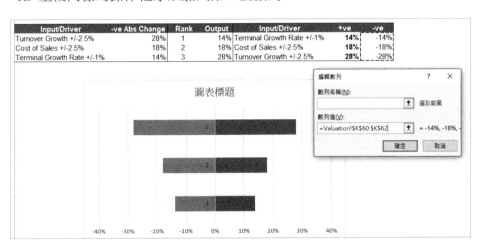

圖 11.36 選取第二個資料數列

12. 接著在「水平（類別）座標軸標籤」下，點選「編輯」鈕，然後選取
具有輸入變數 / 驅動因素名稱的欄。

如此便能將輸入變數 / 驅動因素的名稱匯入為標籤：

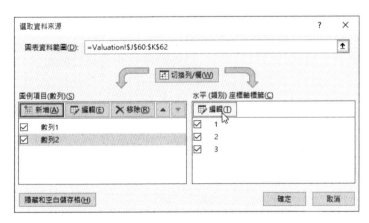

圖 11.37 編輯水平座標軸的標籤（步驟 1）

原本是以排名為標籤。

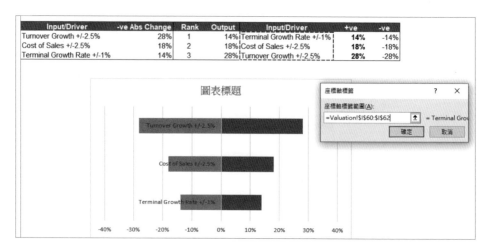

圖 11.38 編輯水平座標軸的標籤（步驟 2）

新設定好的標籤會出現在水平軸上，位於負的數列資料內。

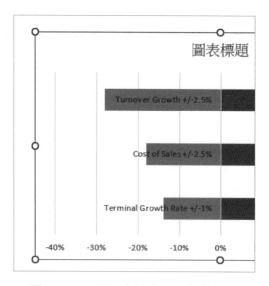

圖 11.39 顯示出的水平座標軸標籤

別忘了我們的圖表是堆疊橫條圖，所以呈現朝側邊翻轉的狀態，其水平座標軸其實是垂直的。

13. 雙按水平座標軸上新設定好
　　的標籤,以開啟「座標軸格
　　式」側邊欄。

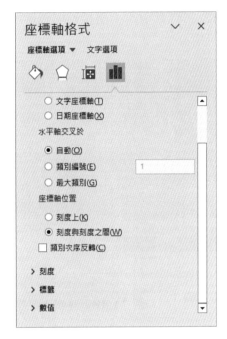

圖 11.40　「座標軸格式」側邊欄

14. 往下捲動,並點按「標籤」
　　項目以展開其中選項。將
　　「標籤位置」選為「低」。

圖 11.41　在「座標軸格式」側邊欄中
編輯「標籤位置」

15. 這樣就替水平座標軸標籤選好了位置。

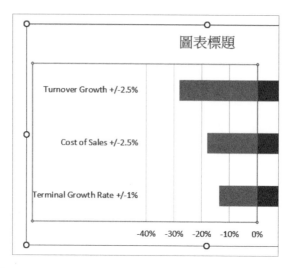

圖 **11.42** 將水平座標軸的「標籤位置」設為「低」

接下來請逐一點選各個數列的橫條，並將其顏色更改為你覺得更合適的顏色，但若你對預設的顏色感到滿意，則可跳過此步驟。

圖 **11.43** 更改資料數列的橫條色彩

16. 加上圖表標題,並予以編輯,以達成適度的顯眼效果。

以下便是完成的龍捲風圖:

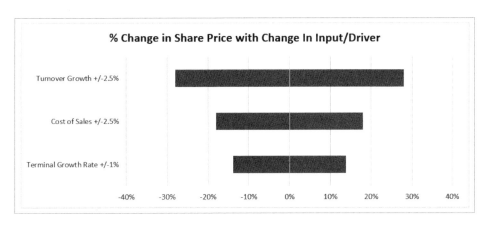

圖 11.44 完成的龍捲風圖

此圖表清楚呈現了,營業額成長驅動因素的變化對股價的影響最顯著,其次是銷售成本,最後是終端成長率。

11.5 瞭解情境分析

在敏感度分析中,我們選擇並更改了幾個輸入變數/驅動因素,同時保持所有其他變數不變。這讓我們看到了各個所選輸入變數對股價的獨立影響效果。但實際上這種情況很少見,變數並不會獨立變化。一般都是由某一組狀況或情境導致數個變數同時改變。

情境分析通常著眼於二到三組狀況,包括最有可能的情境、最壞的情境和最好的情境。你將針對每種情境,為選定的變數假設替代值。而在選擇變數時,你會聚焦於那些最主觀的輸入變數或驅動因素。情境分析的做法是用所有選定的變數來替換模型中的特定情境,然後檢驗這對股價的影響效果。

11.6　建立蒙地卡羅模擬模型

蒙地卡羅模擬模型所計算的是，在一個有許多固有不確定性的過程中所產生之不同結果的可能性（機率）。此模型利用隨機生成的數字來取得數千種可能的結果，進而從中推斷出最有可能的結局。我們將著眼於自由現金流（FCFF）、資本成本和 WACC（兩者都是 DCF 模型的構成元素）的增長。

FCFF 的成長率可用如下的公式計算：

$$第 2 年的成長率 = \frac{第 2 年的 FCFF}{第 1 年的 FCFF} - 1$$

以下是建立簡單的蒙地卡羅模擬模型的步驟：

1. 計算過去歷史資料中第 2 至第 5 年的 FCFF 成長率。

F13		f_x =F12/E12-1						
A B	C	D	E	F	G	H	I
4	**DCF Valuation using FCFF**						
5			27,072	19,812	51,020	34,263	45,025
6	EBIT						
7	Tax Rate (%)	30.0%					
8	EBIT*(1-t)		18,950	13,868	35,714	23,984	31,518
9	Add: Depreciation		10,000	10,000	10,000	30,000	30,000
10	Less: Increase in Working Capital		-	(9,642)	(8,280)	13,290	
11	Less: Capex and increase in WIP						
12	**Free Cashflow to the Firm (FCFF)**		56,022	34,038	88,454	101,537	106,543
13	Growth in FCFF			-39%	160%	15%	5%

圖 11.45　第 2 至第 5 年的 FCFF 成長率

通常蒙地卡羅模擬會使用數千次的重複運算。但在此為了方便說明，我們將次數限制在 100。

2. 取 FCFF 歷史增長的平均值來求得（歷史）平均成長。

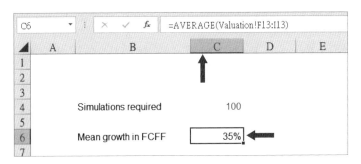

圖 **11.46** 計算第 2 至第 5 年的 FCFF 平均增長的公式

3. 現在從模型的評價部分取得 WACC：

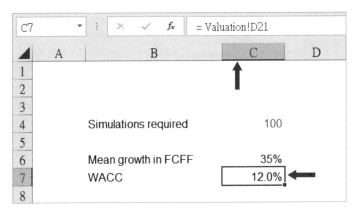

圖 **11.47** 從模型的評價部分取得 WACC

在此假設標準差各為 1%。

	A	B	C	D
1				
2				
3				
4		Simulations required	100	
5				
6		Mean growth in FCFF	35%	
7		WACC	12.0%	
8		Std, Deviation of FCFF growth	1%	
9		Std, Deviation of WACC	1%	

圖 **11.48** 假設 FCFF 成長和 WACC 的標準差各為 1%

標準差衡量的是，我們預期模擬會偏離 FCFF 成長和 WACC 的起始值多遠。

現在我們用 Excel 的 **RAND 函數**，替 FCFF 成長和 WACC 建立隨機數值產生器。

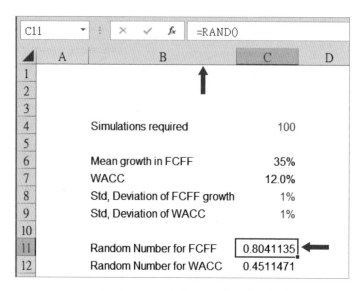

圖 11.49　隨機數值產生器，RAND()

RAND 函數會產生一個範圍在 0 和 1 之間的隨機數值。每次 Excel 在此儲存格或某些其他儲存格中執行計算時，該函數都會重新計算，於是便會產生另一個隨機數值。數值 0.8041135 就表示該值出現的機率為 80.41%。

透過此設計，Excel 便會為 FCFF 成長和 WACC 產生 100 個不同的結果。若將這些結果描繪成圖表，則所形成的圖形將遵循所謂的「常態分佈」。

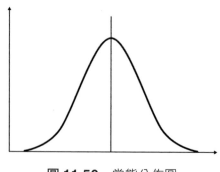

圖 11.50　常態分佈圖

這些資料點會聚集在一個中心高峰的周圍。離高峰越遠的值,其出現機率越小。高峰代表了所有值的平均,且是變數最可能的值。

在此圖表中,你可從水平軸(x 軸、橫軸)選一個值,然後往上畫出一條垂直線。則該垂直線與曲線相交處,便是此值出現的機率。

而在我們現在建立的情境中,我們所做的事情正好相反。我們正在產生隨機的機率,且打算將這些轉換成 FCFF 成長和 WACC 的值。為此,我們要使用 Excel 的 **NORMINV 函數**。

這個函數會用平均值、標準差和機率,來算出 FCFF 成長和 WACC 的變數值。

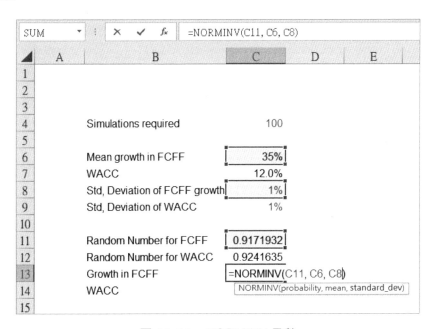

圖 **11.51** NORMINV 函數

以上各螢幕截圖中的值之所以不一致,是因為 RAND 函數會不斷產生新的隨機數值。

我們可藉由按 F2 鍵（編輯）後按 Enter 鍵的方式，手動強迫 Excel 產生新的隨機數值。而每次一產生出新的隨機數值，新的 FCFF 成長和 WACC 值也會隨之生成。我們可逐一將這些新值複製並貼到其他位置，好將結果製作成表格。這動作必須重複 100 次，才能達到我們所建立之情境所需的模擬次數。

不過我們可利用資料表格，以更有效率的方式來完成這件事：

1. 首先在空白儲存格中輸入「1」。

2. 然後選取該儲存格，點按「常用」功能區之「編輯」群組裡的「填滿」圖示，選擇「數列」。

   這時會彈出「數列」對話方塊。

圖 **11.52**　「填滿」中的「數列」選項

3. 將「數列資料取自」選為「欄」，「類型」選為「等差級數」，並於「間距值」輸入「1」，於「終止值」輸入「100」。

圖 **11.53**　「數列」對話方塊

4. 按下「確定」鈕，Excel 便會沿著該欄，從你剛剛輸入的數字「1」開始，往下產生出從 1 到 100 的數列。

   或者，你也可以利用 Excel 的**新函數 SEQUENCE**，更快速地達成同樣結果。

5. 若是使用 SEQUENCE 函數，就不需輸入 1，而是直接輸入如圖 11.54 的公式。

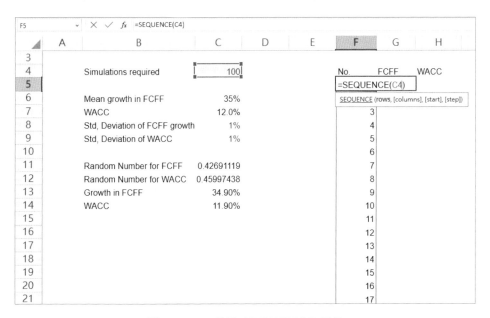

圖 11.54　利用 SEQUENCE 函數

你只需要輸入一個 rows 引數的值，將之連結至所需的模擬次數（Simulations required），亦即告訴 Excel 我們希望該數列持續 100 列──就這麼簡單。

而其他引數（columns、start 和 step）都是選用引數，預設值都為 1（代表 1 欄，從數字 1 開始，且每次遞增 1），故可忽略，接著輸入右括弧關閉函數後，按 Enter 鍵。

6. 接下來，將 FCFF 成長（Growth in FCFF）連結至數字 1 旁的儲存格，並以同樣方式連結 WACC，藉此建立第一個循環。

◢	A	B	C	D	E	F	G	H
3								
4		Simulations required	100			No.	FCFF	WACC
5						1	33.71%	=C14
6		Mean growth in FCFF	35%			2		
7		WACC	12.0%			3		
8		Std, Deviation of FCFF growth	1%			4		
9		Std, Deviation of WACC	1%			5		
10						6		
11		Random Number for FCFF	0.0841384			7		
12		Random Number for WACC	0.9575536			8		
13		Growth in FCFF	33.71%			9		
14		WACC	13.72%			10		
15						11		
16						12		

圖 11.55 將 FCFF 和 WACC 關聯至資料表格

繼續，我們要用資料表格來替新表格填入 FCFF 成長和 WACC 的值。

7. 選取新表格中的所有儲存格後，點選「資料」功能區中「預測」群組裡「模擬分析」下的「運算列表」。

在開啟的「運算列表」對話方塊中，讓「列變數儲存格」方塊留白。

8. 將「欄變數儲存格」選為表格外的任一空儲存格。

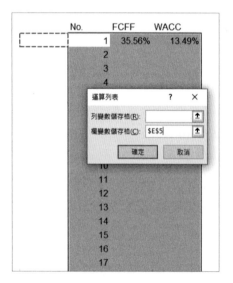

圖 11.56 設定「運算列表」對話方塊中的「欄變數儲存格」

9. 按下「確定」鈕，新表格便會填入 100 次循環處理出的 FCFF 成長和 WACC。

10. 接著我們要取得 FCFF 成長最可能的值，根據我們的假設，就是算出 FCFF 成長 100 次循環處理的平均值。

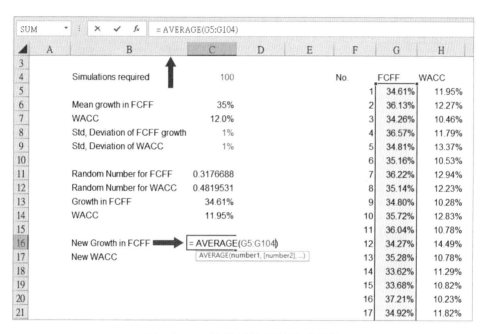

圖 11.57　計算新的 FCFF 成長值

11. 以同樣方式，使用 H 欄下的 WACC 值來算出新的 WACC 最可能值。

12. 現在我們要採用新的 FCFF 成長值和 WACC 值，將它們代入至我們的評價模型。

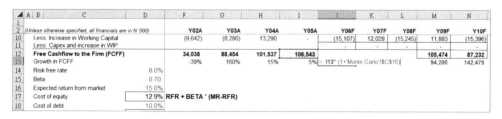

圖 11.58　用新值取代評價模型中的 FCFF

13. 然後也換掉終端價值公式中的 WACC。

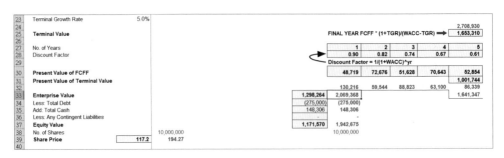

圖 11.59 替換評價模型中的 WACC

我們重新計算了預測年份的 FCFF 現值和終端價值、淨現值等，以得出企業價值 2,069,368、權益價值、市值 1,942,675，以及最終得出股價 194.27。

11.7 總結

在本章中，我們已學到如何將多種檢測與基本常規建構至模型，以增進模型的準確性。我們已學到一些應遵循的基本常規，以便排除出現在模型中的錯誤。我們已瞭解敏感度分析的意義，也學到了如何使用直接法與間接法。我們還學到了如何將結果顯示在圖表中，以有意義的方式來加以解析。最後，我們學習了情境分析，瞭解到情境分析與敏感度分析有何不同，以及其運用方式，並且建立了一個簡單的蒙地卡羅模擬模型。

在下一章中，你將學習如何將試算整合至資產負債表、損益表及現金流量表的三大報表模型。

PART

04

案例研究

在此篇中,我們將介紹一些案例研究,好讓你瞭解如何建立模型,以從原始資料擷取出損益表與資產負債表。此外我們還將介紹與資本預算有關的案例研究。

此篇包含以下章節:

- 第 12 章,案例研究 1 —— 建立模型以從試算中擷取出資產負債表和損益表

- 第 13 章,案例研究 2 —— 建立資本預算模型

案例研究 1 ——
建立模型以從試算中
擷取出資產負債表和
損益表

從試算中擷取出財務報表的工作可能會很費力又容易出錯,尤其是當你之後還必須納入帳簿並於後續各年度重複整個流程時。

這個案例研究將讓你知道如何建立整合性的範本,以便將稽核帳簿及其他對原始資料的調整,順暢無縫地更新至財務報表。

於本章結束時,你將學會把試算整合至資產負債表、損益表及現金流量表的三大報表模型。

在本章中,我們將說明下列這些步驟:

1. 簡介 —— 案例研究與必要條件

2. 編製**試算工作底稿(WTB,Working Trial Balance)**

3. 從 WTB 擷取群組

4. 編製**資產負債表(BS)**和**損益表(P&L)**,以及附註和明細表相關摘錄的模型範本

5. 從群組將資料填入 BS、P&L、附註和明細表

6. 編製帳簿的調整並連結至 WTB

7. 更新財務報表並除錯以更正內容

12.1 案例研究的情境簡介

你的客戶，Wazobia 有限公司（Wazobia Company Limited），從 2021 年 1 月 1 日開始營運，而該公司請你幫他們看看他們至 2021 年 12 月 31 日為止的第一批帳目。Wazobia 有個稱職的記帳人員，他在 2021 年 12 月 31 日編製了試算，並以 Excel 檔案的形式給了你一份副本。而你需要執行的工作包括以下這些：

1. 建立模型範本以擷取 BS 和 P&L，以及取自試算的相關附註和明細表。模型應該要經過整合，好讓各種調整與更新可透過幾個簡單動作就反映出來。

2. 從試算替模型填入資料，確保 BS 處於平衡狀態。

3. 將以下的調整更新至模型：

   - 你發現期末庫存少報了 10,000,000。
   - 你要預留 10,512,000 給稅金。

首先，讓我們從編製 WTB 開始。

12.2 編製試算工作底稿（WTB）

你拿到了如下的試算資料：

	A	B	C	D
	F29			
1				
2		Wazobia Company Limited		
3				
4		Trial Balance December 2022		
5			DR	CR
6		Furinture & fittings - Cost	10,500,000	
7		Plant & Machinery - Cost	97,500,000	
8		Motor vehicles - Cost	52,250,000	
9		Land	75,750,000	
10		Furinture & fittings - Acc. Deprecn.		1,050,000
11		Plant & Machinery - Acc. Deprecn.		9,750,000
12		Motor vehicles - Acc. Deprecn.		10,450,000
13		Inventory	125,600,500	
14		Trade debtors	195,750,000	
15		Sundry debtors	9,294,000	
16		Prepayments	12,600,000	
17		Cash and bank	57,350,000	
18		Trade creditors		173,060,000
19		Accruals		87,570,500
20		Bank loans		215,500,000
21		Share capital		100,000,000
22		Retained earnings		
23		Turnover		755,800,000
24		Cost of sales	604,640,000	
25		Selling & distribution	37,790,000	
26		Admin & General	52,906,000	
27		Depreciation	21,250,000	
28		Taxation	-	
29				
30			1,353,180,500	1,353,180,500

圖 12.1　客戶的試算資料

以下是編製 WTB 的步驟：

1. 開啟新的 Excel 活頁簿，將此試算資料複製到新活頁簿的工作表中。
    將工作表更名為「CTB」。

    你會注意到，這份試算有兩欄，分別為 DR 和 CR。你需要將這兩欄
    合併成一欄，把 CR 的結餘顯示為負值（用括弧包住）。

    為此，你可用 IF 函數編寫公式來另外建立一個數字欄：

SUM	▼	× ✓ *fx*	=IF(C6>0, C6, -D6)				
▲	A	B	C	D	E	F	G	H
1								
2		Wazobia Company Limited						
3								
4		Trial Balance December 2022						
5			DR	CR	AMOUNT			
6		Furinture & fittings - Cost	10,500,000		=IF(C6>0, C6, -D6)			
7		Plant & Machinery - Cost	97,500,000		IF(logical_test, [value_if_true], [value_if_false])			
8		Motor vehicles - Cost	52,250,000					
9		Land	75,750,000					
10		Furinture & fittings - Acc. Deprecn.		1,050,000				

圖 12.2 IF 公式的語法

如圖 12.2 所示，IF 函數有三個引數。第一個引數是 logical_test，是
必定會被評估為為 TRUE（真）或 FALSE（偽）的陳述式。在本例
中，我們使用「C6 > 0」（其中的 C6 是指「DR」欄或欄位）。

這個 DR 欄含有正的借方（DR）帳目金額或空白的貸方（CR）帳
目。因此我們的邏輯測試在遇到借方帳目時的結果會是 TRUE，遇到
貸方帳目時的結果是 FALSE。

若為 TRUE，就使用儲存格 C6 的值，若為 FALSE，則放入 -D6，亦
即使用儲存格 D6 的負值。

2. 現在雙按「填滿控點」（儲存格被選取時顯示在其右下角的小方塊）：

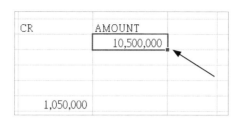

圖 12.3　填滿控點

這樣就能將剛剛輸入至儲存格 E6 的 IF 公式複製到其他各筆記錄。E
欄現在已填入正的借方（DR）值與負的貸方（CR）值：

E6	fx	=IF(C6>0, C6, -D6)		
	A	B	C	D	E

	A	B	C	D	E
1					
2		Wazobia Company Limited			
3					
4		Trial Balance December 2022			
5			DR	CR	AMOUNT
6		Furinture & fittings - Cost	10,500,000		10,500,000
7		Plant & Machinery - Cost	97,500,000		97,500,000
8		Motor vehicles - Cost	52,250,000		52,250,000
9		Land	75,750,000		75,750,000
10		Furinture & fittings - Acc. Deprecn.		1,050,000	(1,050,000)
11		Plant & Machinery - Acc. Deprecn.		9,750,000	(9,750,000)
12		Motor vehicles - Acc. Deprecn.		10,450,000	(10,450,000)
13		Inventory	125,600,500		125,600,500
14		Trade debtors	195,750,000		195,750,000
15		Sundry debtors	9,294,000		9,294,000
16		Prepayments	12,600,000		12,600,000
17		Cash and bank	57,350,000		57,350,000
18		Trade creditors		173,060,000	(173,060,000)
19		Accruals		87,570,500	(87,570,500)
20		Bank loans		215,500,000	(215,500,000)
21		Share capital		100,000,000	(100,000,000)
22		Retained earnings			-
23		Turnover		755,800,000	(755,800,000)
24		Cost of sales	604,640,000		604,640,000
25		Selling & distribution	37,790,000		37,790,000
26		Admin & General	52,906,000		52,906,000
27		Depreciation	21,250,000		21,250,000
28		Taxation	-		-
29					
30			1,353,180,500	1,353,180,500	

圖 12.4　在單一欄中的借方與貸方金額

3. 新增一個工作表並將之更名為「WTB」。於儲存格 B4 至 G4 輸入 WTB 的各個欄位名稱，如圖 12.5 所示：

	A	B	C	D	E	F	G
4		GROUP	ACC GRP	ACC DESCRIPTION	2022 UNAUDITED	AUDIT JOURNALS	2022 FINAL
5				Furinture & fittings - Cost			
6				Plant & Machinery - Cost			
7				Motor vehicles - Cost			
8				Land			
9				Furinture & fittings - Acc. Deprecn.			
10				Plant & Machinery - Acc. Deprecn.			
11				Motor vehicles - Acc. Deprecn.			
12				Inventory			
13				Trade debtors			
14				Sundry debtors			
15				Prepayments			
16				Cash and bank			
17				Trade creditors			
18				Accruals			
19				Bank loans			
20				Share capital			
21				Retained earnings			
22				Turnover			
23				Cost of sales			
24				Selling & distribution			
25				Admin & General			
26				Depreciation			
27				Taxation			
28							

圖 12.5 WTB 欄位名稱

4. 將試算的帳目名稱複製到 ACC DESCRIPTION 欄。

5. 接著也將試算中 E 欄的金額，複製到 WTB 的 2022 UNAUDITED 欄位。

6. 在 ACC GRP 欄，替各個 ACC DESCRIPTION 輸入適當名稱，並於 GROUP 欄輸入適當群組。而 2022 FINAL 欄位的值，將會是 2022 UNAUDITED 和 AUDIT JOURNALS 的總和。

	A	B	C	D	E	F	G
4		GROUP	ACC GRP	ACC DESCRIPTION	2022 UNAUDITED	AUDIT JOURNALS	2022 FINAL
5		BS	Property, Plant & Equipment	Furinture & fittings - Cost	10,500,000		10,500,000
6		BS	Property, Plant & Equipment	Plant & Machinery - Cost	97,500,000		97,500,000
7		BS	Property, Plant & Equipment	Motor vehicles - Cost	52,250,000		52,250,000
8		BS	Property, Plant & Equipment	Land	75,750,000		75,750,000
9		BS	Property, Plant & Equipment	Furniture & fittings - Acc. Deprecn.	(1,050,000)		(1,050,000)
10		BS	Property, Plant & Equipment	Plant & Machinery - Acc. Deprecn.	(9,750,000)		(9,750,000)
11		BS	Property, Plant & Equipment	Motor vehicles - Acc. Deprecn.	(10,450,000)		(10,450,000)
12		BS	Inventory	Inventory	125,600,500		125,600,500
13		BS	Trade debtors	Trade debtors	195,750,000		195,750,000
14		BS	Sundry debtors	Sundry debtors	9,294,000		9,294,000
15		BS	Prepayments	Prepayments	12,600,000		12,600,000
16		BS	Cash and bank	Cash and bank	57,350,000		57,350,000
17		BS	Trade creditors	Trade creditors	(173,060,000)		(173,060,000)
18		BS	Accruals	Accruals	(87,570,500)		(87,570,500)
19		BS	Long term loans	Bank loans	(215,500,000)		(215,500,000)
20		BS	Share capital	Share capital	(100,000,000)		(100,000,000)
21		P&L	Retained earnings	Retained earnings	-		-
22		P&L	Turnover	Turnover	(755,800,000)		(755,800,000)
23		P&L	Cost of sales	Cost of sales	604,640,000		604,640,000
24		P&L	Selling & distribution	Selling & distribution	37,790,000		37,790,000
25		P&L	Admin & General	Admin & General	52,906,000		52,906,000
26		P&L	Depreciation	Depreciation	21,250,000		21,250,000
27		P&L	Taxation	Taxation	-		-

圖 12.6　試算工作底稿（WTB）

GROUP 欄告訴我們這筆記錄是屬於資產負債表（BS）還是損益表（P&L），ACC GROUP 為各個項目提供在財務報表上的適當帳目名稱，而 ACC DESCRIPTION 是客戶指定給各項目的原始標題名稱，2022 UNAUDITED 則是來自客戶的試算金額，最後 2022 FINAL 欄存放的是經稽核調整後的最終結餘。

12.3　從 WTB 擷取群組

接下來要將 WTB 轉換成 Excel 表格，然後編製樞紐分析表以匯總帳目說明：

1. 為了轉換成表格，請點選 WTB 內的任一儲存格，然後按 Ctrl + T 鍵。

2. 這時資料的所在範圍會被選取，並彈出「建立表格」對話方塊。請勾選「我的表格有標題」項目，並確認範圍正確，再按下「確定」鈕。

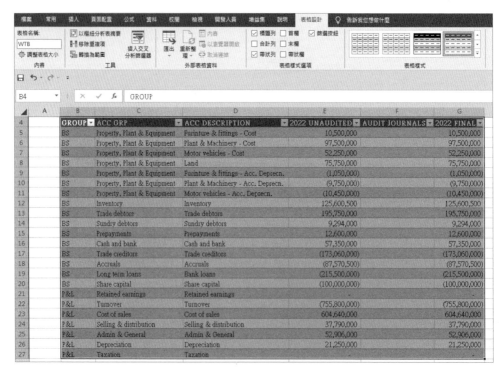

圖 12.7　被格式化為表格的 WTB

3. 在選取「表格設計」功能區的狀態下，至該功能區的最左側將「表格名稱」更改為「WTB」。

將此資料範圍格式化為表格有幾個好處：

- 當你在任何欄位的最開頭輸入公式並按下 Enter 鍵，該公式便會自動往下填入至其餘記錄的該欄位中。

- 你可輕易在公式中納入此範圍，只要輸入表格名稱「WTB」即可。

- 你可在表格底端新增記錄，而這些記錄會自動整合進該表格，你不必先回頭調整表格範圍。

4. 點選表格內的任一儲存格，按 Alt + N 鍵，緊接著依序按 V、T 鍵，以叫出「來自表格或範圍的樞紐分析表」對話方塊：

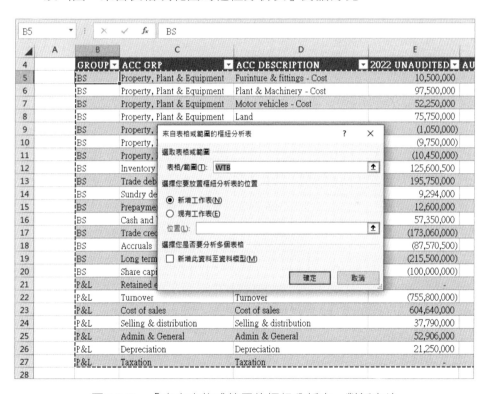

圖 12.8 「來自表格或範圍的樞紐分析表」對話方塊

請注意該表格會自動被採納為範圍（其名稱會顯示在「表格 / 範圍」欄位中），而預設的樞紐分析表放置位置（在新的工作表上）也很令人滿意，故按下「確定」鈕：

圖 12.9　樞紐分析表的概要說明

這時會開啟一個僅顯示出概要說明的空的樞紐分析表。在螢幕右側可看到「樞紐分析表欄位」：

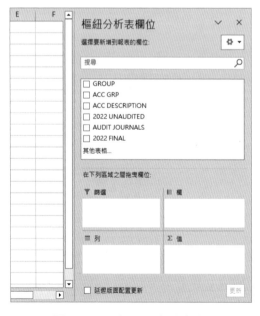

圖 12.10　樞紐分析表欄位

此檢視模式會隨情境變動，且只在已選取樞紐分析表內的儲存格時顯示。
同樣地，在已選取樞紐分析表內的儲存格時，還會顯示兩個額外的功能
區：「樞紐分析表分析」和「設計」。

你應該要試著為你的樞紐分析表想像一下配置方式，然後再將各欄位分別
拖曳至「樞紐分析表欄位」下方的適當方塊中：

圖 12.11　有資料的樞紐分析表

就我們的目的而言，這樣的配置很理想。帳目被分成了 BS 和 P&L 兩組。
此外還顯示了各群組的合計和全部的總計，而從全部的總計為零可看出兩
者的合計是相等且相反的。

	A	B	C
2			
3	列標籤 ▼	加總 - 2022 FINAL	
4	⊟ BS	39,214,000	
5	Accruals	(87,570,500)	
6	Cash and bank	57,350,000	
7	Inventory	125,600,500	
8	Long term loans	(215,500,000)	
9	Prepayments	12,600,000	
10	Property, Plant & Equipment	214,750,000	
11	Share capital	(100,000,000)	
12	Sundry debtors	9,294,000	
13	Trade creditors	(173,060,000)	
14	Trade debtors	195,750,000	
15	⊟ P&L	(39,214,000)	
16	Admin & General	52,906,000	
17	Cost of sales	604,640,000	
18	Depreciation	21,250,000	
19	Retained earnings	-	
20	Selling & distribution	37,790,000	
21	Taxation	-	
22	Turnover	(755,800,000)	
23	總計	-	
24			

圖 12.12 樞紐分析表中 BS 和 P&L 的合計相等且相反

為了替數字設定適當的格式，請在「加總 - 2022 FINAL」欄中按滑鼠右鍵，選「數字格式」，在彈出的對話方塊裡點選「自訂」類別，再於「類型」欄位裡輸入「#,##0;(#,##0);"-"」後，按「確定」鈕。其中「#,##0」表示正數應以千分位符號分隔且無小數；「(#,##0)」表示負數也應以千分位符號分隔、無小數，但要用括弧包住；而「"-"」則表示零值應顯示為連字號「-」。

12.4 編製資產負債表（BS）和損益表（P&L），以及附註和明細表相關摘錄的模型範本

為了建立範本，請新增一個工作表並將之更名為「BS PL CF Ns」。你所編製的每個明細表都將有個從 A 欄到 E 欄，並以淺藍色底搭配白色字體的大標題，而標題文字寫在 A 欄中。明細表本身將從 B 欄的公司名稱開始，至金額所在的 F 欄。

這些明細表將編製成由上而下層疊在一起的狀態，而每個表會分別建立成群組，做法是從公司名稱之上的列往下選取到明細表結束處之下的列，然後按 Shift + Alt + 向右方向鍵。

當所有群組都處於折疊狀態時，看起來會像下面這樣：

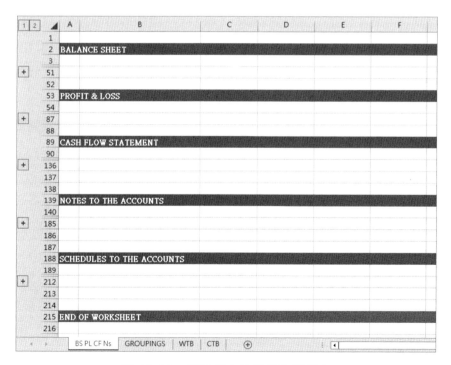

圖 12.13 折疊起來的群組化明細表

點按各表標題左側下端的加號圖示，即可單獨展開該表，而點按 A 欄標題左側的「2」則能一舉將所有群組都展開。

接下來，新增一個工作表並將之更名為「PRY DATA」。然後分別於其中的儲存格 A1、B1 和 C1 輸入「Wazobia Company Limited」、「2022」和「For the year ended 31st December, 2022」：

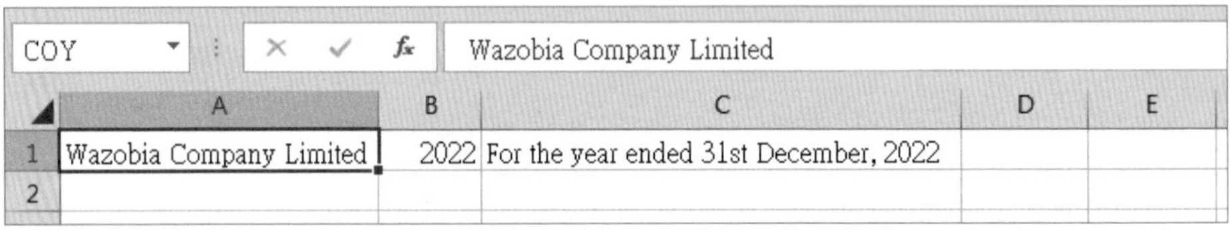

圖 12.14　被命名為 COY 的儲存格

請使用「名稱」方塊替這些儲存格指定名稱。選取儲存格 A1 後，點選位於 A 欄標題上方的「名稱」方塊，在其中輸入「COY」。這樣就能將該儲存格命名為 COY，之後只要輸入「=COY」便能取得儲存格 A1 的內容。接著以同樣方式將儲存格 B1 命名為「THISYR」，將儲存格 C1 命名為「YREND」。

12.5　從群組將資料填入 BS、P&L、附註和明細表

現在我們要使用 XLOOKUP 函數，從群組將資料填入至各個表。由於使用此函數時需要指定查找陣列和傳回陣列，故為了簡化公式，在此我們也要替這些範圍命名：

1. 在 GROUPINGS 工作表（之前建立了樞紐分析表的工作表）中，將 ACC GRP（B 欄）從標題下的第一個項目（第 4 列）選取到總計之下的五列（第 28 列）。也就是從 B4 選到 B28（B4:B28）：

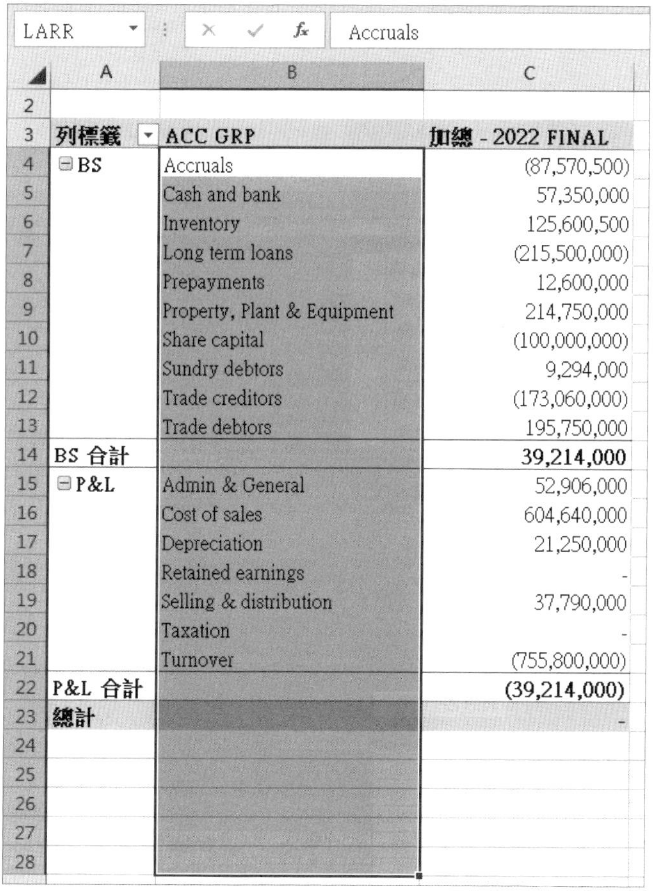

圖 12.15 XLOOKUP 函數的查找陣列

2. 將此範圍命名為「LARR」，這就是我們的查找陣列。我們之所以
   往下多選五列，是為了以防萬一可能會有額外的帳目而必須擴展
   WTB。

3. 以同樣方式處理傳回陣列（C4:C28），並將此範圍命名為「RARR」：

| RARR | ▼ | ⋮ | ✕ | ✓ | *fx* | -87570500 |

◢	A	B	C
2			
3	列標籤 ▼	ACC GRP	加總 - 2022 FINAL
4	⊟ BS	Accruals	(87,570,500)
5		Cash and bank	57,350,000
6		Inventory	125,600,500
7		Long term loans	(215,500,000)
8		Prepayments	12,600,000
9		Property, Plant & Equipment	214,750,000
10		Share capital	(100,000,000)
11		Sundry debtors	9,294,000
12		Trade creditors	(173,060,000)
13		Trade debtors	195,750,000
14	BS 合計		39,214,000
15	⊟ P&L	Admin & General	52,906,000
16		Cost of sales	604,640,000
17		Depreciation	21,250,000
18		Retained earnings	-
19		Selling & distribution	37,790,000
20		Taxation	-
21		Turnover	(755,800,000)
22	P&L 合計		(39,214,000)
23	總計		-
24			
25			
26			
27			
28			

圖 12.16　XLOOKUP 函數的傳回陣列

我們現在可以用 **XLOOKUP** 函數來填入資料了，首先從帳目附表
（SCHEDULES TO THE ACCOUNTS）開始：

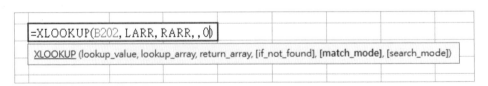

圖 12.17　XLOOKUP 函數的語法

當你按下 Enter 鍵，Excel 便會從群組（GROUPINGS 工作表）取得
正確的值。

這種做法（我稱之為 MOCO 法）的好處在於，你只需要輸入一次 XLOOKUP 公式，接著就能將之複製到任何儲存格，以便從 GROUPINGS 工作表取得所需的值。

			fx	=XLOOKUP(B204, LARR, RARR, , 0)	

	A	B	C	D	E	F
197		Sch				2022
198		1				
199						
200		**Administrative expenses**				
201						
202		Admin & General				52,906,000
203		Selling & distribution				37,790,000
204		Depreciation				21,250,000
205						

圖 12.18　將此 XLOOKUP 公式複製到其他儲存格

而此做法之所以行得通，是因為此例的查找陣列和傳回陣列在所有情況下都相同，且我們的範本已固定了 ACC GROUP（B 欄）和金額所在欄（F 欄）之間的距離，依據參照架構的規定，我們可將帶有一或多個儲存格參照的公式複製到另一個位置。只要儲存格參照的相對位置維持不變，結果就會是正確的。

在圖 12.18 中，原始公式被複製到其下的兩列，若觀察顯示在資料編輯列中取得折舊（Depreciation）金額的公式便會發現，其中指定查找值的儲存格參照變成了指向儲存格 B204，這是正確的。

你只需要留意顯示在括弧中的 CR 結餘。而其處理方式也很簡單，就緊接在等號（＝）後加個負號（-）即可。

圖 12.19　複製負值的 XLOOKUP 公式

如此一來，括弧便會被移除，並顯示出絕對值。現在，繼續以這樣的方式替 BS 和 P&L 填入資料：

A	B	C	D	E	F
4					
5	**Wazobia Company Limited**				
6					
7	**Statement of Financial Position at 31st December 2022**				
8					
9					2022
10	NON-CURRENT ASSETS				
11	Property, Plant & Equipment				214,750,000
12					
13	CURRENT ASSETS				
14	Inventory				125,600,500
15	Accounts receivable				217,644,000
16	Cash & cash equivalents				57,350,000
17					
18					400,594,500
19					
20	CURRENT LIABILITIES				
21	Accounts payable				260,630,500
22	Tax liabilities				
23					
24					260,630,500
25					
26	NET CURRENT ASSETS				139,964,000
27					
28					
29	NON-CURRENT LIABILITIES				215,500,000
30					
31	TOTAL ASSETS LESS LIABILITIES				139,214,000
32					
33	EQUITY				
34	Share capital				100,000,000
35	Retained earnings				39,214,000
36					
37					139,214,000

圖 12.20 完成 BS 的草稿

你會注意到，有些在 BS 裡的金額並非直接來自 GROUPINGS 工作表，而是透過**附註（Notes）**取得，例如**應付帳款（Accounts Payable）**和**應收帳款（Accounts Receivable）**。

	A	B	C	D	E	F
59		**Wazobia Company Limited**				
60						
61		**Statement of Comprehensive Income**				
62		**For the year ended 31st December, 2022**				
63						
64						2022
65						
66		Turnover				755,800,000
67		Cost of sales				604,640,000
68						
69						151,160,000
70						
71		Administrative expenses				111,946,000
72						
73		Profit before tax				39,214,000
74						
75		Taxation				-
76						
77		Profit after tax				39,214,000
78						
79						
80						
81						

圖 12.21 完成 P&L

我們現在已有一套完整的帳目草稿了。

12.6　編製帳簿的調整並連結至 WTB

接下來要處理的是 PART 03 中所要求的調整：

1.　請新增一個工作表並將之更名為「JNLs」。用以下的方式來編製帳簿的調整：

	A	B	C	D	E
1					
2					
3			**Wazobia Company Limited**		
4					
5			Audit Adjustments		
6			For the year ended 31st December, 2022		
7					
8			Account description	DR/(CR)	
9					
10		1	Inventory	10,000,000	
11			Cost of sales	=-D10	
12			Being error in closing inventory now corrected		
13					

圖 12.22　帳簿的範本

2.　輸入借方（DR）金額，而貸方（CR）值則是於「-」（負號）後輸入具有借方值的儲存格。如此就能降低打錯字的風險，並確保帳簿平衡。

請注意，我們使用的帳目名稱是來自 ACC DESCRIPTION 而非 ACC GRP。

現在，到 WTB 表格的 AUDIT JOURNAL 欄，在第一筆記錄的此欄儲存格中輸入以下公式：

圖 12.23　SUMIF 函數的語法

SUMIF 函數有三個引數：

- **range** ── Excel 將在哪個範圍中搜尋符合條件的記錄。以此例來說，就是 JNLs 工作表中 C 欄的所有內容。

- **criteria** ── 所有出現在 range 引數指定範圍中的這個項目都會被加總。以此例來說，Excel 會尋找 WTB 表格中每一筆記錄的每個 Acc Description 項目，從 Furniture & Fittings - Cost 開始。

- **sum_range** ── 這包含每次符合條件時要被加總的實際值。以此例來說，就是 JNLs 工作表中 D 欄的所有內容。

3. 當你按下 Enter 鍵，此公式就會自動往下複製到 WTB 的其餘記錄。不過，迅速瀏覽一下此 WTB 表格便會發現它失去平衡了：

	A	B GROUP	C ACC GRP	D ACC DESCRIPTION	E 2022 UNAUDITED	F AUDIT JOURNALS	G 2022 FINAL
5		BS	Property, Plant & Equipment	Furinture & fittings - Cost	10,500,000	-	10,500,000
6		BS	Property, Plant & Equipment	Plant & Machinery - Cost	97,500,000	-	97,500,000
7		BS	Property, Plant & Equipment	Motor vehicles - Cost	52,250,000	-	52,250,000
8		BS	Property, Plant & Equipment	Land	75,750,000	-	75,750,000
9		BS	Property, Plant & Equipment	Furinture & fittings - Acc. Deprecn.	(1,050,000)	-	(1,050,000)
10		BS	Property, Plant & Equipment	Plant & Machinery - Acc. Deprecn.	(9,750,000)	-	(9,750,000)
11		BS	Property, Plant & Equipment	Motor vehicles - Acc. Deprecn.	(10,450,000)	-	(10,450,000)
12		BS	Inventory	Inventory	125,600,500	10,000,000	135,600,500
13		BS	Trade debtors	Trade debtors	195,750,000	-	195,750,000
14		BS	Sundry debtors	Sundry debtors	9,294,000	-	9,294,000
15		BS	Prepayments	Prepayments	12,600,000	-	12,600,000
16		BS	Cash and bank	Cash and bank	57,350,000	-	57,350,000
17		BS	Trade creditors	Trade creditors	(173,060,000)	-	(173,060,000)
18		BS	Accruals	Accruals	(87,570,500)	-	(87,570,500)
19		BS	Long term loans	Bank loans	(215,500,000)	-	(215,500,000)
20		BS	Share capital	Share capital	(100,000,000)	-	(100,000,000)
21		P&L	Retained earnings	Retained earnings	-	-	-
22		P&L	Turnover	Turnover	(755,800,000)	-	(755,800,000)
23		P&L	Cost of sales	Cost of sales	604,640,000	(10,000,000)	594,640,000
24		P&L	Selling & distribution	Selling & distribution	37,790,000	-	37,790,000
25		P&L	Admin & General	Admin & General	52,906,000	-	52,906,000
26		P&L	Depreciation	Depreciation	21,250,000	-	21,250,000
27		P&L	Taxation	Taxation	-	10,512,000	10,512,000
28							
29					0		10,512,000

圖 12.24　WTB 失去平衡

在檢視帳簿時，我們意識到有個新帳目因為不存在於原始試算中，所以也不存在於 WTB 中，那就是「**稅務負債**」（**Tax liabilities**）。我們必須把它加進 WTB。

4. 點選 WTB 右下角的儲存格，儲存格 G27：

	A	B	C	D	E	F	G
3							
4		GROUP	ACC GRP	ACC DESCRIPTION	2022 UNAUDITED	AUDIT JOURNALS	2022 FINAL
5		BS	Property, Plant & Equipment	Furinture & fittings - Cost	10,500,000	-	10,500,000
6		BS	Property, Plant & Equipment	Plant & Machinery - Cost	97,500,000	-	97,500,000
7		BS	Property, Plant & Equipment	Motor vehicles - Cost	52,250,000	-	52,250,000
8		BS	Property, Plant & Equipment	Land	75,750,000	-	75,750,000
9		BS	Property, Plant & Equipment	Furniture & fittings - Acc. Deprecn.	(1,050,000)	-	(1,050,000)
10		BS	Property, Plant & Equipment	Plant & Machinery - Acc. Deprecn.	(9,750,000)	-	(9,750,000)
11		BS	Property, Plant & Equipment	Motor vehicles - Acc. Deprecn.	(10,450,000)	-	(10,450,000)
12		BS	Inventory	Inventory	125,600,500	10,000,000	135,600,500
13		BS	Trade debtors	Trade debtors	195,750,000	-	195,750,000
14		BS	Sundry debtors	Sundry debtors	9,294,000	-	9,294,000
15		BS	Prepayments	Prepayments	12,600,000	-	12,600,000
16		BS	Cash and bank	Cash and bank	57,350,000	-	57,350,000
17		BS	Trade creditors	Trade creditors	(173,060,000)	-	(173,060,000)
18		BS	Accruals	Accruals	(87,570,500)	-	(87,570,500)
19		BS	Long term loans	Bank loans	(215,500,000)	-	(215,500,000)
20		BS	Share capital	Share capital	(100,000,000)	-	(100,000,000)
21		P&L	Retained earnings	Retained earnings	-	-	-
22		P&L	Turnover	Turnover	(755,800,000)	-	(755,800,000)
23		P&L	Cost of sales	Cost of sales	604,640,000	(10,000,000)	594,640,000
24		P&L	Selling & distribution	Selling & distribution	37,790,000	-	37,790,000
25		P&L	Admin & General	Admin & General	52,906,000	-	52,906,000
26		P&L	Depreciation	Depreciation	21,250,000	-	21,250,000
27		P&L	Taxation	Taxation	-	10,512,000	10,512,000
28							

圖 12.25　WTB 表格的右下角儲存格

5. 接著按 Tab 鍵：

26		P&L	Depreciation	Depreciation	21,250,000	-	21,250,000
27		P&L	Taxation	Taxation	-	10,512,000	10,512,000
28							-
29					0		10,512,000

圖 12.26　為表格建立了新的一列

這時在此表格的底端，於第 28 列處，形成了一列新的表格列。

6. 請將新帳目的詳細資料輸入於此。

	A	B	C	D	E	F	G
3							
4		GROUP	ACC GRP	ACC DESCRIPTION	2022 UNAUDITED	AUDIT JOURNALS	2022 FINAL
5		BS	Property, Plant & Equipment	Furinture & fittings - Cost	10,500,000	-	10,500,000
6		BS	Property, Plant & Equipment	Plant & Machinery - Cost	97,500,000	-	97,500,000
7		BS	Property, Plant & Equipment	Motor vehicles - Cost	52,250,000	-	52,250,000
8		BS	Property, Plant & Equipment	Land	75,750,000	-	75,750,000
9		BS	Property, Plant & Equipment	Furinture & fittings - Acc. Deprecn.	(1,050,000)	-	(1,050,000)
10		BS	Property, Plant & Equipment	Plant & Machinery - Acc. Deprecn.	(9,750,000)	-	(9,750,000)
11		BS	Property, Plant & Equipment	Motor vehicles - Acc. Deprecn.	(10,450,000)	-	(10,450,000)
12		BS	Inventory	Inventory	125,600,500	10,000,000	135,600,500
13		BS	Trade debtors	Trade debtors	195,750,000	-	195,750,000
14		BS	Sundry debtors	Sundry debtors	9,294,000	-	9,294,000
15		BS	Prepayments	Prepayments	12,600,000	-	12,600,000
16		BS	Cash and bank	Cash and bank	57,350,000	-	57,350,000
17		BS	Trade creditors	Trade creditors	(173,060,000)	-	(173,060,000)
18		BS	Accruals	Accruals	(87,570,500)	-	(87,570,500)
19		BS	Long term loans	Bank loans	(215,500,000)	-	(215,500,000)
20		BS	Share capital	Share capital	(100,000,000)	-	(100,000,000)
21		P&L	Retained earnings	Retained earnings	-	-	-
22		P&L	Turnover	Turnover	(755,800,000)	-	(755,800,000)
23		P&L	Cost of sales	Cost of sales	604,640,000	(10,000,000)	594,640,000
24		P&L	Selling & distribution	Selling & distribution	37,790,000	-	37,790,000
25		P&L	Admin & General	Admin & General	52,906,000	-	52,906,000
26		P&L	Depreciation	Depreciation	21,250,000	-	21,250,000
27		P&L	Taxation	Taxation	-	10,512,000	10,512,000
28		BS	Tax liabilities	Tax liabilities		(10,512,000)	(10,512,000)
29					0		-
30							

圖 **12.27**　WTB 在加上新帳目後就平衡了

輸入 ACC DESCRIPTION 項目後，AUDIT JOURNAL 欄的內容自動隨之更新，而 WTB 便再次回到平衡狀態。

12.7　更新財務報表並除錯以更正內容

若要更新財務報表，我們只需要做以下的動作：

1. 重新整理樞紐分析表，以更新各個值。

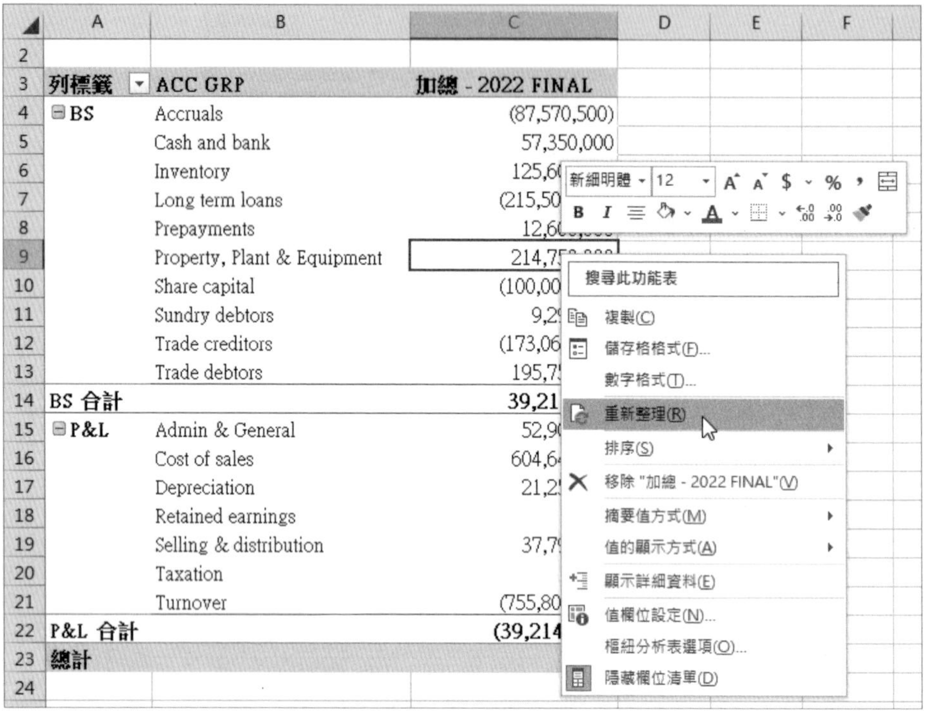

圖 12.28　重新整理樞紐分析表

2. 點選樞紐分析表內的任一儲存格，然後按滑鼠右鍵，於彈出的下拉式選單中選擇「重新整理」。這時樞紐分析表就會依據你對 WTB 做的所有調整進行更新。

列標籤	ACC GRP	加總 - 2022 FINAL
BS	Accruals	(87,570,500)
	Cash and bank	57,350,000
	Inventory	135,600,500
	Long term loans	(215,500,000)
	Prepayments	12,600,000
	Property, Plant & Equipment	214,750,000
	Share capital	(100,000,000)
	Sundry debtors	9,294,000
	Trade creditors	(173,060,000)
	Trade debtors	195,750,000
	Tax liabilities	(10,512,000)
BS 合計		38,702,000
P&L	Admin & General	52,906,000
	Cost of sales	594,640,000
	Depreciation	21,250,000
	Retained earnings	-
	Selling & distribution	37,790,000
	Taxation	10,512,000
	Turnover	(755,800,000)
P&L 合計		(38,702,000)
總計		-

圖 12.29 將新資訊更新至樞紐分析表中

新的帳目已被併入樞紐分析表。我們接著要切換到 BS PL CF Ns 工作表，以確認財務報表已正確更新。

P&L（損益表）的**銷售成本（Cost of sales）**與**稅金（Taxation）**部分都已正確更新，BS 則已更新**庫存（Inventory）**，但現在處於失去平衡的狀態。

在這個練習中，我們可以很輕易地就看出差異在哪裡，不過當你遇到差異不是那麼明顯的情況時，以下便是我們一般會採取的處理步驟：

1. 比對 P&L 中的 PAT（稅後利潤）與樞紐分析表中的 P&L 合計。

	A	B	C	D	E	F	G
58							
59		**Wazobia Company Limited**					
60							
61		**Statement of Comprehensive Income**					
62		**For the year ended 31st December, 2022**					
63							
64						2022	
65							
66		Turnover				755,800,000	
67		Cost of sales				594,640,000	
68							
69						161,160,000	
70							
71		Administrative expenses				111,946,000	
72							
73		Profit before tax				49,214,000	
74							
75		Taxation				10,512,000	
76							
77		Profit after tax				38,702,000	

圖 12.30 稅後利潤（PAT，Profit after tax）

如圖 12.30 所示，P&L 中 PAT 的金額為 38,702,000。

	A	B	C	D
2				
3	**列標籤**	**ACC GRP**	**加總 - 2022 FINAL**	
4	⊟BS	Accruals	(87,570,500)	
5		Cash and bank	57,350,000	
6		Inventory	135,600,500	
7		Long term loans	(215,500,000)	
8		Prepayments	12,600,000	
9		Property, Plant & Equipment	214,750,000	
10		Share capital	(100,000,000)	
11		Sundry debtors	9,294,000	
12		Trade creditors	(173,060,000)	
13		Trade debtors	195,750,000	
14		Tax liabilities	(10,512,000)	
15	**BS 合計**		**38,702,000**	
16	⊟P&L	Admin & General	52,906,000	
17		Cost of sales	594,640,000	
18		Depreciation	21,250,000	
19		Retained earnings	-	
20		Selling & distribution	37,790,000	
21		Taxation	10,512,000	
22		Turnover	(755,800,000)	
23	**P&L 合計**		**(38,702,000)**	
24	**總計**		-	

圖 12.31 樞紐分析表中的 P&L 合計

樞紐分析表裡的 P&L 合計為 38,702,000，和 PAT 相同，這表示錯誤不在 P&L 中。所以我們把注意力放到 BS 上。

2. BS 有顯示出新帳目，但該項目並沒有數字。我們只需要把 XLOOKUP 的公式複製到該儲存格，並記得它是屬於貸方（CR）結餘即可。

Wazobia Company Limited

Statement of Financial Position at 31st December 2022

	2022
NON-CURRENT ASSETS	
Property, Plant & Equipment	214,750,000
CURRENT ASSETS	
Inventory	135,600,500
Accounts receivable	217,644,000
Cash & cash equivalents	57,350,000
	410,594,500
CURRENT LIABILITIES	
Accounts payable	260,630,500
Tax liabilities	10,512,000
	271,142,500
NET CURRENT ASSETS	139,452,000
NON-CURRENT LIABILITIES	215,500,000
TOTAL ASSETS LESS LIABILITIES	138,702,000
EQUITY	
Share capital	100,000,000
Retained earnings	38,702,000
	138,702,000

圖 12.32　BS 現在平衡了

一旦取得新帳目的正確值，BS 便再次恢復平衡。

12.8　總結

在本章中，你已編製了一個從試算擷取財務報表資料的模型。你已學到如何建構範本，好讓模型可以只靠敲幾下鍵盤就輕鬆更新任何的調整與資料更動。你還學到了如何以有系統的方式在出現錯誤時進行除錯。

在下一章中，我們將於另一個案例研究的協助下探討資本預算。

案例研究 2 ——
建立資本預算模型

一個組織於其存續期間將面臨重大的投資決策，像是分支機構的擴展、新設備的採購、建置或購買機器、新產品的推出，以及研究開發專案等。這些都需要決定性的財務資源分配。而這些投資決策的管理，包括稀有資源的分配，就稱為資本預算。人們發展出了四個常見的概念來幫助管理這些重大決策，分別為**淨現值（NPV，Net Present Value）**、**內部報酬率（IRR，Internal Rate of Return）**、**獲利能力指數（PI，Profitability Index）**，以及**投資回收期（PBP，Pay Back Period）**。前三者都有考量到金錢的時間價值，而第四者則沒有。在本章中，我們將討論並解說這些概念，然後透過一個綜合性的案例研究來加以實踐。

本章將說明下列這些主題：

- 簡介

- 瞭解淨現值（NPV）

- 瞭解內部報酬率（IRR）

- 瞭解獲利能力指數（PI）

- 瞭解投資回收期（PBP）

- 案例研究

於本章結束時，你將學會各個數值的計算技巧，以及如何運用四這個概念來建立模型以幫助管理資本預算。

13.1　簡介

在這本書中，我們已提到過金錢的時間價值，亦即今天的錢比明天的錢更有價值這樣的概念。而這是基於下面這些理由：

- 折舊 —— 物價總是上漲，所以今天新台幣 1 元的消費能力，會大於明天新台幣 1 元的消費能力。
- 投資的能力 —— 在有利息的狀態下，你的錢就會隨時間增長。今天的新台幣 1 元 = 新台幣 1 元 + 明天的利息。

這帶給了我們**現值（PV，Present Value）**、**終值（FV，Future Value）**，以及**機會成本**或**折現率（貼現率）**的概念。現值（PV）就是今天的價值，而終值（FV）是在未來某個時間點的價值。

當你選擇了特定的行動路線時，你本來會從其他未選擇的行動獲得的好處就稱做**機會成本**。機會成本和折現率一樣，且折現率就是用於將 FV 與 PV 相互轉換。

13.2　瞭解淨現值（NPV）

正如其名，NPV 是一種淨值，其計算方式如下：

NPV = 所有現金流入的現值 – 所有現金流出的現值

一般來說，流出往往發生在專案開始時，因此不折現。但在未來某個時間點有額外的流出時，就必須折現至其現值（PV），並於從現金流入現值中減去之前，先加入至初始的流出。

就投資決策而言，若專案的 NPV 為正值，那就該接受這個專案。若其 NPV 為負值，則否決該專案。NPV 越大，就表示該專案在財務上的回報越豐厚。

PV 與 FV 之間的關係如下：

$$FV = PV \times (1 + K)^n$$

其中的元素包括以下這些：

- FV = 終值
- PV = 現值
- K = 折現率
- n = 年數（假設現在是第 0 年，則一年後就是第 1 年）

重新整理此等式後，可得到如下的算式：

$$PV = FV \times \frac{1}{(1 + K)^n}$$

折現因子為 $\frac{1}{(1 + K)^n}$。

這是將 FV 折現以求得 PV 的因子（係數）。讓我們來看一個例子：

- 假設折現率為 10%，請計算以下的 PV：
  - ✦ 1 年後收到的新台幣 100 元
  - ✦ 3 年後收到的新台幣 100 元
  - ✦ 12 年後收到的新台幣 100 元

- 計算公式如下：

$$PV = FV \times \frac{1}{(1 + K)^n}$$

這些縮寫的意義分別為：

- FV = 在特定時間點的新台幣 100 元
- K = 10% 或 0.10
- $(1 + K) = (1 + 0.10) = (1.10)$

於是金錢的時間價值便可清楚地說明如下：

- $PV = 100 \times \dfrac{1}{1.1^1} = 90.91$
- $PV = 100 \times \dfrac{1}{1.1^3} = 75.13$
- $PV = 100 \times \dfrac{1}{1.1^{12}} = 31.86$

1 年後收到的新台幣 100 元，其價值相當於今日的新台幣 90.91 元；3 年後收到的新台幣 100 元，其價值相當於今日的新台幣 75.13 元，而 12 年後收到的新台幣 100 元，其價值相當於今日的新台幣 31.86 元。

13.3 瞭解內部報酬率（IRR）

內部報酬率（IRR）是 NPV 為 0 時的折現率。當有數個專案時，IRR 可用於對各個專案進行排名，亦即 IRR 越高的專案越值得投入。在所有其他條件都相等的情況下，一般會建議選擇 IRR 最高的專案。

以下是判斷是否應接受專案的標準：

- 當其 IRR 大於折現率時，就接受該專案。
- 當其 IRR 小於折現率時，就否決該專案。

IRR 可透過用各種不同的金額替代折現因子，同時觀察 NPV，直到得出導致 NPV 為 0 的折現因子的方式來求得。

又或者，我們可利用 Excel「資料」功能區中「預測」群組裡「模擬分析」選單下的「目標搜尋」功能。稍後於案例研究的解決方案一節中，我們便會解說這個部分。

13.4 瞭解獲利能力指數（PI）

此指數衡量的是，你所投入的每一元新台幣得到多少回報：

$$PI = \frac{所有現金流入的現值}{所有現金流出的現值}$$

PI 的判斷標準如下：

- 若 PI 大於 1，就接受該專案。
- 若 PI 小於 1，就否決該專案。
- 若 PI = 1，那麼在做決定時就要考量其他因素。

13.5 瞭解投資回收期（PBP）

PBP 是指從專案的流入回收初始投資所花費的年數。就如於本章開頭處已提過的，此指標在計算時通常不考慮金錢的時間價值。一般來說，我們會接受 PBP 小於業界平均或最高管理階層所設定之標準的專案。投資回收期最短的專案，是最值得投入的專案。對所有專案來說，投資回收期都非常重要，因為它暗示了所投資的資金何時可用於其他專案。

13.6　案例研究

Wazobia 創投公司正為了是否要投資新台幣 5,000,000 元於一個廢品回收專案，而尋求你的建議，該專案能夠產出的結果如下：

- 第 1 年 300,000 元
- 第 2 年 1,500,000 元
- 第 3 年 2,000,000 元
- 第 4 年 2,000,000 元
- 第 5 年 800,000 元

Wazobia 的資本成本為 9%，而管理階層期望在 4 年內回收初始投資。

你將執行以下的任務：

1. 計算該專案的 NPV、IRR、PI 和 PBP。
2. 依據各個指標，說明該專案是否可行，並向管理階層提出建議。
3. 若其資本成本為 10%，你的答案是否會不同？

接著在下一節中，就讓我們來看看此案例的解決方案。

◉ 解決方案

依據最佳做法，我們必須先建立一些假設，並將這些假設整理成一個表格：

1. 首先，建立假設表格。

	A	B	C
3		YEAR (n)	AMOUNT
4	Initial Outlay	0	(5,000,000)
5	Inflow in year	1	300,000
6	Inflow in year	2	1,500,000
7	Inflow in year	3	2,000,000
8	Inflow in year	4	2,000,000
9	Inflow in year	5	800,000
10	Discount rate K		9%

圖 13.1　假設表格

2. 調整配置以利計算。

	Inflow (FV)	Outflow	$1 + K$	$(1 + K)^n$	$\dfrac{1}{(1 + K)^n}$	$PV = FV \times \dfrac{1}{(1 + K)^n}$
Year 0						
End of year 1						
End of year 2						
End of year 3						
End of year 4						
End of year 5						
					NPV =	
					Profitability Index =	

圖 **13**.2　針對計算進行配置

此配置是設計成使用與假設有關的公式逐步計算出 NPV。

3. 將第 0 年（year 0）的流出（Outflow）連結至假設。

		A	B	C
	SUM			=C4
		A	B	C
3			YEAR (n)	AMOUNT
4		Initial Outlay	0	(5,000,000)
5		Inflow in year	1	300,000
6		Inflow in year	2	1,500,000
7		Inflow in year	3	2,000,000
8		Inflow in year	4	2,000,000
9		Inflow in year	5	800,000
10		Discount rate K		9%
11				
12		Calculations		
13				
14			Inflow (FV)	Outflow
15		Year 0		=C4
16		End of year 1		

圖 **13**.3　將流出連結至假設

4. 將流入（Inflow）連結至假設。

圖 13.4 將流入連結至假設

基於 Excel 的參照架構，我們可將儲存格 B16 的公式往下複製到其他年度的流入儲存格。

5. 填入「1＋K」欄。

圖 13.5 填入「1＋K」欄

6. 確保 K 的值是來自假設表格的儲存格 C10。

7. 填入下一欄，「$(1 + K)^n$」。

	A	B	C	D	E
3		YEAR (n)	AMOUNT		
4	Initial Outlay	0	(5,000,000)		
5	Inflow in year	1	300,000		
6	Inflow in year	2	1,500,000		
7	Inflow in year	3	2,000,000		
8	Inflow in year	4	2,000,000		
9	Inflow in year	5	800,000		
10	Discount rate K		9%		
11					
12	Calculations				
13					
14		Inflow (FV)	Outflow	$1 + K$	$(1 + K)^n$
15	Year 0		(5,000,000)	1.09	=D15^B4
16	End of year 1	300,000		1.09	1.09
17	End of year 2	1,500,000		1.09	1.19
18	End of year 3	2,000,000		1.09	1.30
19	End of year 4	2,000,000		1.09	1.41
20	End of year 5	800,000		1.09	1.54

圖 13.6　填入下一欄，「$(1 + K)n$」

同樣地，這些值也應該要連結至假設。你會注意到，流出的值等於 1。第 0 年是不需要折現的。

8. 接著填入折現因子欄。

				fx	=1/E15	
	A	B	C	D	E	F
3		YEAR (n)	AMOUNT			
4	Initial Outlay	0	(5,000,000)			
5	Inflow in year	1	300,000			
6	Inflow in year	2	1,500,000			
7	Inflow in year	3	2,000,000			
8	Inflow in year	4	2,000,000			
9	Inflow in year	5	800,000			
10	Discount rate K		9%			
11						
12	Calculations					
13						
14		Inflow (FV)	Outflow	$1 + K$	$(1 + K)^n$	$\frac{1}{(1 + K)^n}$
15	Year 0		(5,000,000)	1.09	1.00	=1/E15
16	End of year 1	300,000		1.09	1.09	0.92
17	End of year 2	1,500,000		1.09	1.19	0.84
18	End of year 3	2,000,000		1.09	1.30	0.77
19	End of year 4	2,000,000		1.09	1.41	0.71
20	End of year 5	800,000		1.09	1.54	0.65

圖 13.7　算出折現因子

9. 最後，乘以對應的流入金額，以得出每年的 PV。

SUM	▾	:	✕	✓	*fx*	=B16*F16	
◢	A	B	C	D	E	F	G
3		YEAR (n)	AMOUNT				
4	Initial Outlay	0	(5,000,000)				
5	Inflow in year	1	300,000				
6	Inflow in year	2	1,500,000				
7	Inflow in year	3	2,000,000				
8	Inflow in year	4	2,000,000				
9	Inflow in year	5	800,000				
10	Discount rate K		9%				
11							
12	**Calculations**						
13							
14		**Inflow (FV)**	**Outflow**	$1 + K$	$(1 + K)^n$	$\frac{1}{(1 + K)^n}$	$PV = FV \times \frac{1}{(1 + K)^n}$
15	Year 0		(5,000,000)	1.09	1.00	1.00	(5,000,000)
16	End of year 1	300,000		1.09	1.09	0.92	=B16*F16
17	End of year 2	1,500,000		1.09	1.19	0.84	1,262,520
18	End of year 3	2,000,000		1.09	1.30	0.77	1,544,367
19	End of year 4	2,000,000		1.09	1.41	0.71	1,416,850
20	End of year 5	800,000		1.09	1.54	0.65	519,945

圖 13.8　流入的 PV

我們現在已得到所有流入與流出的 PV。

10. 接著來計算 NPV。

G21	▾	:	✕	✓	*fx*	=SUM(G15:G20)	
◢	A	B	C	D	E	F	G
3		YEAR (n)	AMOUNT				
4	Initial Outlay	0	(5,000,000)				
5	Inflow in year	1	300,000				
6	Inflow in year	2	1,500,000				
7	Inflow in year	3	2,000,000				
8	Inflow in year	4	2,000,000				
9	Inflow in year	5	800,000				
10	Discount rate K		9%				
11							
12	**Calculations**						
13							
14		**Inflow (FV)**	**Outflow**	$1 + K$	$(1 + K)^n$	$\frac{1}{(1 + K)^n}$	$PV = FV \times \frac{1}{(1 + K)^n}$
15	Year 0		(5,000,000)	1.09	1.00	1.00	(5,000,000)
16	End of year 1	300,000		1.09	1.09	0.92	275,229
17	End of year 2	1,500,000		1.09	1.19	0.84	1,262,520
18	End of year 3	2,000,000		1.09	1.30	0.77	1,544,367
19	End of year 4	2,000,000		1.09	1.41	0.71	1,416,850
20	End of year 5	800,000		1.09	1.54	0.65	519,945
21						**NPV =**	18,912

圖 13.9　NPV

此專案的 NPV 為新台幣 18,912 元。而 IRR 是產生出 0 的 NPV 的折現率。接下來我們便要使用「目標搜尋」功能來估算出 IRR。

11. 點選儲存格 G21（即 NPV 所在的儲存格），然後在「資料」功能區中的「預測」群組裡點按「模擬分析」選單，選擇「目標搜尋」。

圖 13.10　「資料」功能區中的「目標搜尋」

這時會彈出「目標搜尋」對話方塊。

12. 在「目標搜尋」對話方塊中，如圖 13.11 設定各個選項：

	A	B	C	D	E	F	G
C10				=SUM(G15:G20)			
3		YEAR (n)	AMOUNT				
4	Initial Outlay	0	(5,000,000)				
5	Inflow in year	1	300,000				
6	Inflow in year	2	1,500,000				
7	Inflow in year	3	2,000,000				
8	Inflow in year	4	2,000,000				
9	Inflow in year	5	800,000				
10	Discount rate K		9%				
11							
12	**Calculations**						
13							
14		**Inflow (FV)**	**Outflow**	$1+K$	$(1+K)^n$	$\dfrac{1}{(1+K)^n}$	$PV = FV \times \dfrac{1}{(1+K)^n}$
15	Year 0		(5,000,000)	1.09	1.00	1.00	(5,000,000)
16	End of year 1	300,000		1.09	1.09	0.92	275,229
17	End of year 2	1,500,000		1.09	1.19	0.84	1,262,520
18	End of year 3	2,000,000		1.09	1.30	0.77	1,544,367
19	End of year 4	2,000,000		1.09	1.41	0.71	1,416,850
20	End of year 5	800,000		1.09	1.54	0.65	519,945
21						NPV =	18,912

目標搜尋　　　? ✕

目標儲存格(E): G21
目標值(V): 0
變數儲存格(C): $C$10

確定　　取消

圖 13.11　「目標搜尋」的各個參數

13. 將目標儲存格 G21（NPV）的目標值設為 0，變數儲存格指定為 C10（折現率）後，按「確定」鈕。再於接著彈出的「目標搜尋狀態」對話方塊中按「確定」鈕。

	A	B	C	D	E	F	G	H
2	**ASSUMPTIONS**							
3		YEAR (n)	AMOUNT					
4	Initial Outlay	0	(5,000,000)					
5	Inflow in year	1	300,000					
6	Inflow in year	2	1,500,000					
7	Inflow in year	3	2,000,000					
8	Inflow in year	4	2,000,000					
9	Inflow in year	5	800,000					
10	Discount rate K		9.13% ◄					
11								
12	**Calculations**							
13								
14		Inflow (FV)	Outflow	$1+K$	$(1+K)^n$	$\frac{1}{(1+K)^n}$	$PV = FV \times \frac{1}{(1+K)^n}$	
15	Year 0		(5,000,000)	1.09	1.00	1.00	(5,000,000)	
16	End of year 1	300,000		1.09	1.09	0.92	274,897	
17	End of year 2	1,500,000		1.09	1.19	0.84	1,259,476	
18	End of year 3	2,000,000		1.09	1.30	0.77	1,538,785	
19	End of year 4	2,000,000		1.09	1.42	0.71	1,410,026	
20	End of year 5	800,000		1.09	1.55	0.65	516,816	
21						**NPV =**	0 ◄	

圖 **13.12** 算出 IRR

在上面的螢幕截圖中，箭頭指著值為 0 的 NPV 及其相應的折現率。由此可知產生出 0 的 NPV 的折現率為 9.13%，而這就是 IRR。

14. 繼續，如圖 13.13，我們要算出 PI：

SUM	▾	:	× ✓ f_x	=SUM(G16:G20)/-G15				
	A	B	C	D	E	F	G	H
10	Discount rate K		9.00%					
11								
12	**Calculations**							
13								
14		Inflow (FV)	Outflow	$1+K$	$(1+K)^n$	$\frac{1}{(1+K)^n}$	$PV = FV \times \frac{1}{(1+K)^n}$	
15	Year 0		(5,000,000)	1.09	1.00	1.00	(5,000,000)	
16	End of year 1	300,000		1.09	1.09	0.92	275,229	
17	End of year 2	1,500,000		1.09	1.19	0.84	1,262,520	
18	End of year 3	2,000,000		1.09	1.30	0.77	1,544,367	
19	End of year 4	2,000,000		1.09	1.41	0.71	1,416,850	
20	End of year 5	800,000		1.09	1.54	0.65	519,945	
21						**NPV =**	18,912	
22						**Profitability Index =**	=SUM(G16:G20)/-G15	
23								

圖 **13.13** PI 的計算

PI 的計算方法如下：

$$PI = \frac{\text{所有現金流入的現值}}{\text{所有現金流出的現值}}$$

由此可算得 PI 為 1.0038。

	Inflow (FV)	Outflow	$1+K$	$(1+K)^n$	$\dfrac{1}{(1+K)^n}$	$PV = FV \times \dfrac{1}{(1+K)^n}$
Year 0		(5,000,000)	1.09	1.00	1.00	(5,000,000)
End of year 1	300,000		1.09	1.09	0.92	275,229
End of year 2	1,500,000		1.09	1.19	0.84	1,262,520
End of year 3	2,000,000		1.09	1.30	0.77	1,544,367
End of year 4	2,000,000		1.09	1.41	0.71	1,416,850
End of year 5	800,000		1.09	1.54	0.65	519,945
					NPV =	18,912
					Profitability Index =	1.0038

圖 13.14 已估算出 PI

最後一個評估標準是 PBP。

PBP 使用的是非折現的現金流。

YEAR	INFLOW	CUMULATIVE INFLOW
1	300,000	300,000
2	1,500,000	1,800,000
3	2,000,000	3,800,000
4	2,000,000	5,800,000
5	800,000	6,600,000

圖 13.15 PBP

此專案的 PBP 落在第 3 至第 4 年間。

第 3 年 年 底 時 的 累 計 流 入（CUMULATIVE INFLOW）為 新 台 幣 3,800,000，比新台幣 5,000,000 的初始支出少 1,200,000。而第 4 年的流入為 2,000,000，故假設其流入平均分配於全年度，則達到 5,000,000 的時間點應為第 4 年的：

$$\frac{1,200,000}{2,000,000} \times 365$$

$$= 第 219 天（約為 7 個月又 19 天）$$

也就是說，PBP 為 3 年 7 個月又（大約）19 天。

以下為此案例研究的各個任務的答案：

- **答案 1**

  ✦ NPV = 18,912

  ✦ IRR = 9.13%

  ✦ PI = 1.0038

  ✦ PBP = 約 3 年 7 個月又 19 天

- **答案 2**

  ✦ NPV 為正值，故應接受此專案。

  ✦ IRR 大於折現率（9.13% 大於 9%），故應接受此專案。

  ✦ PI 大於 1，故應接受此專案。

  ✦ PBP 在管理階層所期望的 4 年內，故應接受此專案。

  四個指標都一致同意，故應接受此專案。

- **答案 3**

  ✦ NPV 為負值，故應否決此專案。

  ✦ IRR 小於折現率（9.13% 小於 10%），故應否決此專案。

✦ PI 小於 1（0.9756），故應否決此專案。

✦ PBP 在管理階層所期望的 4 年內，故應接受此專案。

	A	B	C	D	E	F	G	H
3		YEAR (n)	AMOUNT					
4	Initial Outlay	0	(5,000,000)					
5	Inflow in year	1	300,000					
6	Inflow in year	2	1,500,000					
7	Inflow in year	3	2,000,000					
8	Inflow in year	4	2,000,000					
9	Inflow in year	5	800,000					
10	Discount rate K		10.00%	←				
11								
12	**Calculations**							
13								
14		**Inflow (FV)**	**Outflow**	$1 + K$	$(1 + K)^n$	$\dfrac{1}{(1+K)^n}$	$PV = FV \times \dfrac{1}{(1+K)^n}$	
15	Year 0		(5,000,000)	1.10	1.00	1.00	(5,000,000)	
16	End of year 1	300,000		1.10	1.10	0.91	272,727	
17	End of year 2	1,500,000		1.10	1.21	0.83	1,239,669	
18	End of year 3	2,000,000		1.10	1.33	0.75	1,502,630	
19	End of year 4	2,000,000		1.10	1.46	0.68	1,366,027	
20	End of year 5	800,000		1.10	1.61	0.62	496,737	
21						**NPV =**	(122,210)	←
22						**Profitability Index =**	0.9756	←

圖 13.16　折現率為 10% 時的結果

由於四個指標中有三個都顯示應否決，故應否決此專案。

13.7 總結

在本章中，我們已瞭解到資本預算的意義與重要性。我們已討論並解說了金錢的時間價值，以及 NPV、IRR、PI 與 PBP 的概念。我們也看到了這些概念如何能夠幫助判斷專案的可行性。而現在，你已能夠輕鬆面對任何的資本預算任務。

跟著專家學 Microsoft 365 Excel 財務建模第二版｜做出精準財務決策

作　　者：Shmuel Oluwa
譯　　者：陳亦苓
企劃編輯：江佳慧
文字編輯：詹祐甯
設計裝幀：張寶莉
發 行 人：廖文良

發 行 所：碁峰資訊股份有限公司
地　　址：台北市南港區三重路 66 號 7 樓之 6
電　　話：(02)2788-2408
傳　　真：(02)8192-4433
網　　站：www.gotop.com.tw
書　　號：ACI036600
版　　次：2023 年 06 月初版
建議售價：NT$520

國家圖書館出版品預行編目資料

跟著專家學 Microsoft 365 Excel 財務建模：做出精準財務決策 /
　　Shmuel Oluwa 原著；陳亦苓譯. -- 初版. -- 臺北市：碁峰資訊,
　　2023.06
　　　面；　　公分
　　ISBN 978-626-324-520-4(平裝)
　　1.CST：EXCEL(電腦程式)　2.CST：財務管理
312.49E9　　　　　　　　　　　　　　　　　　　112007089